美味酱料全书

甘智荣　主编

江苏凤凰科学技术出版社

图书在版编目（CIP）数据

美味酱料全书 / 甘智荣主编. -- 南京 : 江苏凤凰科学技术出版社, 2017.5
（含章. 掌中宝系列）
ISBN 978-7-5537-4577-0

Ⅰ. ①美… Ⅱ. ①甘… Ⅲ. ①调味酱 - 制作 Ⅳ. ①TS264.2

中国版本图书馆CIP数据核字(2015)第102586号

美味酱料全书

主　　编　甘智荣
责任编辑　张远文　葛昀
责任监制　曹叶平　方晨

出版发行　凤凰出版传媒股份有限公司
　　　　　江苏凤凰科学技术出版社
出版社地址　南京市湖南路1号A楼，邮编：210009
出版社网址　http://www.pspress.cn
经　　销　凤凰出版传媒股份有限公司
印　　刷　北京文昌阁彩色印刷有限责任公司

开　　本　880mm × 1 230mm　1/32
印　　张　14
字　　数　380 000
版　　次　2017年5月第1版
印　　次　2017年5月第1次印刷

标准书号　ISBN 978-7-5537-4577-0
定　　价　39.80元

序言

据史料记载，最初出现的酱是以肉类为原料制成的。随着农业的发展，有了多余的谷物，于是出现了以谷物为原料的豆酱、面酱、辣酱等植物性酱料。肉酱的起源可以上溯到商代，当时是以打猎所获的兽禽类为原料，加入盐经发酵制成的，古人称之为“醢”。根据肉的类别，在前面冠以马、鹿、兔等，如鱼肉做的酱被称为鱼醢。

“柴米油盐酱醋茶”，这开门七件事中，酱料便占据了一席位置。在这个物质极为丰富的年代，走进超市，货架上的各种酱料、调味品令人眼花缭乱，生抽、老抽、饺子醋、白醋、红醋、沙茶酱、辣椒酱、蚝油酱……我们品尝过甜酱、麻辣酱，觉得美味可口、搭配绝妙，却不知道酱料的具体做法。其实酱料有很多种，而且做法也并没有我们想象的那么复杂。

一道美味佳肴，除了用料新鲜、烹调得法之外，佐以合适的酱料，是为锦上添花。同样一道菜，若选对酱料无异于画龙点睛，若是酱料搭配得不好，则会有画蛇添足之缺憾。酱料，可以为菜品加分，让原本平淡无奇的家常菜变得更加美味。做菜时，如果善于运用酱料，即便是厨房新手，也能够烧出一桌子的好菜！

近些年来，随着人们对餐桌美食的追求，酱料受到越来越多人的关注。有很多人开始学习自制酱料。针对大众的需求，集合各式经典酱料的调制方法，并结合众多烹饪专家的建议，我们编纂了此书。

本书一共分为 7 个章节，分别为百变抹蘸酱、美味腌拌酱、火锅烧烤酱、甜品沙拉酱、各式做菜酱、经典中式酱料和异国风味酱料，详细介绍了各式经典酱料的做法、应用、保存、烹饪提示，并为您示范如何用这些酱料做出美味的菜品。书中对每一种酱料都用详细的文字介绍其用料、调制方法及调制秘诀。此书为烹饪大师运用酱料做出美味菜肴的绝好帮手，也是烹调初学者的良师益友，方便实用，让您轻松做出好滋味，成为令人羡慕的厨房高手和美食达人。

最后，祝愿每一个读者有一个健康的好身体！

阅读导航

酱料制作

每一种酱料都介绍了所需的原材料、调味料以及制作过程中的每一个步骤，让您一学就会

烹饪提示

向您传授每一道酱料制作过程中的小技巧和注意事项，让您做出原汁原味的酱料

高清美图

每道酱料和推荐菜例配以高清美图，搭配食谱的详细做法，图文并茂，一目了然

美味酱料全书

红枣抹酱

原材料 桂圆肉30克，红枣10克

调味料 米酒20毫升，姜汁20毫升，麦芽糖15克

做法

1. 将红枣去子；将桂圆肉洗净，加入水、米酒、姜汁及麦芽糖。
2. 上火煮沸以后，再以小火慢煮至黏稠即可。

应用：可搭配各种蔬菜料理食用。
保存：冷藏可保存3天。
烹饪提示：桂圆肉很容易变质，须现用现剥。

推荐菜例

菲拿须奶油蛋糕

润肺平喘，养血润肤

原材料 蛋清100克，香草精少许，低筋面粉20克，高筋面粉20克，杏仁粉40克，无盐奶油100克

调味料 糖85克，红枣抹酱适量

做法

1. 将蛋清加入糖和香草精中拌匀，打发至中性偏干起发；将高筋面粉和低筋面粉过筛后，加入其中拌匀。
2. 再加入过筛的杏仁粉拌匀。将无盐奶油煮成焦色并融化，再降至手温，加入以上拌匀的糊中。
3. 倒入封好锡纸的模具中抹平。放入180℃的烤炉中，烤约30分钟取出，配以红枣抹酱食用即可。

84

天然新滋味的百变抹蘸酱 第一章

萝卜泥蘸酱

原材料 白萝卜80克，姜15克，香菜8克

调味料 味啉12毫升，辣椒粉10克，香菇酱油8毫升

做法

1. 将香菜、姜洗净，切末；将白萝卜洗净，去皮，剁泥。
2. 将原材料和调味料搅拌均匀即可。

应用：用于蘸食肉类食物。

保存：室温下可保存1天，冷藏可保存10天。

烹饪提示：若嫌剁萝卜泥麻烦，可以用搅拌机将其打碎成泥。

酱料应用

介绍本道酱料适宜搭配哪些范围内的菜品食用，让您心中有数

推荐菜例

生菜滑牛肉

补中益气，滋养脾胃

原材料 牛肉250克，生菜半棵

调味料 盐5克，白糖4克，麻油20毫升，萝卜泥蘸酱适量

做法

1. 将牛肉洗净，切成薄片，备用。
2. 将生菜一片一片地掰开洗净。
3. 将水煮滚，分别放入生菜及牛肉焯烫、汆熟后捞出，趁热将萝卜泥蘸酱除外的调味料放入，拌匀配以萝卜泥蘸酱食用即可。

牛肉　　生菜

85

食谱功效

向您介绍本食谱的主要功效，让您依据自己和家人的实际情况全面考量，在选择和制作食谱的过程中更具有针对性

目录

第一章　天然新滋味的百变抹蘸酱

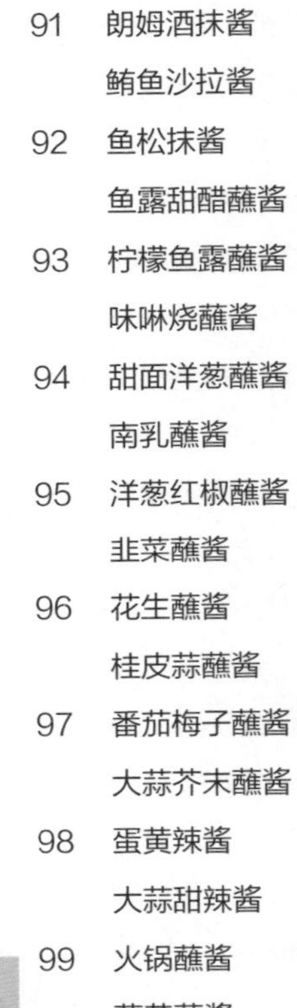

第二章 味蕾喜欢的美味腌拌酱

第三章 鲜辣刺激的火锅烧烤酱

第四章 垂涎欲滴的甜品沙拉酱

第五章 营养健康的各式做菜酱

第六章　百尝不厌的经典中式酱料

第七章 最受欢迎的异国风味酱料

制作酱料常用的食材

做酱料的第一步就是认识食材。只有对食材有了了解和掌握，才能做出美味的酱料。下面就介绍一些酱料中常会用到的食材。

炼奶

炼奶又被称为炼乳，是以新鲜牛奶或羊奶为原料，经过均质、杀菌、浓缩等工序制作而成的乳制品，有丰富的营养价值，可贮存较长的时间，是西式酱料中常见的添加物，可以起到提味、增香的作用。

豆瓣酱

豆瓣酱是由蚕豆、盐、辣椒等原料酿制而成的酱，味道咸、香、辣，颜色红亮，不仅能增加口感香味，还能给菜增添颜色。豆瓣酱的主要营养成分是蛋白质和脂肪，有补中益气、开胃健脾的功效。调制海鲜类或肉类等有腥味的酱料时，加入豆瓣酱有压抑腥味的特点，还能突出口味。

果酱

果酱是一种以水果、糖及酸度调节剂 100℃制成的凝胶物质，主要用来涂抹于面包或吐司上食用。不论草莓、蓝莓、葡萄、玫瑰果实等小型果实，还是李、橙、苹果、桃等大型果实，都可被制成果酱，但制作时同一时间只使用一种果实。

沙拉酱

美味可口的沙拉酱可以使普通的水果和蔬菜顿然生色，变幻出各种诱人的味道。沙拉酱其主要营养成分是蛋白质和油脂，有增进食欲的功效。

麻油

麻油是小磨香油和机制香油的统称，具有浓郁或显著香味。在加工过程中，芝麻中的特有成分经高温炒料处理后，生成具有特殊香味的物质，致使麻油具有独特的香味，有别于其他食用油，也称香油。麻油用于烹饪或加在酱料里，在中式酱料里很受欢迎。

橄榄油

橄榄油颜色黄中透绿，闻着有股诱人的清香味，入锅后有一种蔬果香味贯穿炒菜的全过程。它不会破坏蔬菜的颜色，也没有任何油腻感，并且油烟很少。用于酱料的目的是调出食物的味道，而不是掩盖它。橄榄油是做冷酱料和热酱料最好的油脂成分，它可保护新鲜酱料的色泽。

蚝油

蚝油不是油质，而是在加工蚝豉时，煮蚝豉剩下的汤，此汤经过滤浓缩后即为蚝油。它是一种营养丰富、味道鲜美、蚝香浓郁、黏稠适度的调味佐料，是常用的酱料食材之一。蚝油中的牛磺酸含量很高，是其他任何调味料不能相比的；蚝油还具有防癌抗癌、增强免疫力等多种保健功效。

红油

红油是川菜中一种独特的工艺，也是中式酱料中常用到的食材，香辣可口，非常提味，有增强体力、加速新陈代谢的功效。红油主要是以朝天椒加植物油和其他香料慢火精熬而成。好的红油不仅给酱料增色不少，而且好闻好吃；不好的红油会让酱料的颜色失去光泽，而且会有苦味或无味。

酱油

酱油是用豆、麦、麸皮酿造的液体调味品。色泽为红褐色，有独特酱香，滋味鲜美，可促进食欲，是中国的传统调味品。酱油是酱料中非常重要的元素，尤其是在中式酱料中，加入一定量的酱油，可增加酱料的香味，并使其色泽更加好看，从而增进食欲。

醋

醋是一种发酵的酸味液态调味品，以含淀粉类的粮食为主料，以谷糠、稻皮等为辅料，经过发酵酿造而成。醋在中式烹调中为主要的调味品之一，以酸味为主，且有芳香味，用途较广。它能去腥解腻，增加鲜味和香味，减少维生素C在食物加热过程中的流失，还可使烹饪原料中钙质溶解而利于人体吸收。醋有很多品种，除了众所周知的香醋、陈醋外，还有糙米醋、糯米醋、米醋、水果醋、酒精醋等。优质醋酸而微甜，带有香味。

糖

糖在调制酱料的时候也是非常重要的材料，具有滋阴润肺、生津止咳、和中益肺、舒缓肝气的功效。砂糖分为粗砂糖、细砂糖，两者的甜度相同，但可依酱料制作的方式而选择使用，若是不经加热制作、直接调匀使用的，用细砂糖就非常适合；若是需要加热的酱料，就可以使用粗砂糖或者二砂糖（浅棕色颗料）来制作，二砂糖经过加热后会有糖香及亮色的效果。

辣椒

中式酱料常用的辣椒包括灯笼椒、干辣椒、剁辣椒等。灯笼椒肉质比较厚，味较甜，常被剁碎或者打成泥，加蒜蓉等食材于酱料中，有提味、增香、爽口、去腥的作用。干辣椒一般可不打碎，用于需要烹煮的酱料中，有增香、增色的作用。剁辣椒可以直接加于酱料中食用，颜色鲜艳，味道可口，还有去除菜肴的腥味与杀菌的效用。

迷迭香

迷迭香的叶带有茶香，味辛辣、微苦，其少量干叶或新鲜叶片常被用作食物调料，特别用于制作羔羊、鸭、鸡、香肠、海味、填馅、炖菜、汤、土豆、番茄、萝卜等菜肴及饮料，因其味甚浓，应在食前将其取出。迷迭香具有消除胃胀气、增强记忆力、提神醒脑、减轻头痛、改善脱发的功效，在酱料中常用它来提升酱的香味。

味噌

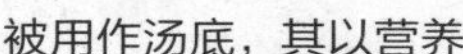

味噌是由发酵过的大豆（黄豆）制成，主要为糊状，是一种调味料，也被用作汤底，其以营养丰富、味道独特而风靡日本。味噌的种类繁多，大致上可分为米曲制成的“米味噌”、麦曲制成的“麦味噌”、豆曲制成的“豆味噌”等。味噌的用途相当广泛，可依个人喜好将不同种类的味噌混拌，运用在各式料理中。除了人们最熟悉的味噌汤外，举凡腌渍小菜、凉拌菜、火锅汤底、各式烧烤及炖煮料理等，都可以用到味噌。

咖喱

咖喱的主要成分是姜黄粉、川花椒、八角、胡椒、桂皮、丁香等含有辣味的香料，其能增进食欲，促进血液循环。由咖喱调制的酱料常见于印度菜、泰国菜和日本菜等，一般伴随肉类和饭一起吃。咖喱的种类很多，以国家来分，有印度咖喱、泰国咖喱、新加坡咖喱等；以颜色来分，有红、青、黄、白咖喱之别。根据配料细节上的不同来区分种类口味的咖喱大约有十多种，这些香料汇集在一起，就能够构成各种令人意想不到的浓郁香味。

芥末

芥末，又称芥子末、山葵、辣根、西洋山芋菜。芥末是用芥菜的成熟种子碾磨成的一种粉状调料。芥末微苦，辛辣芳香，对口舌有强烈刺激，味道十分独特。芥末粉被润湿后有香气释出，有催泪性的强烈刺激性辣味，对味觉、嗅觉均有刺激作用。可用作泡菜、腌渍生肉或拌沙拉时的调味品。亦可与生抽一起使用，充当生鱼片的美味调料。

芝麻酱

芝麻酱是人们非常喜爱的香味调味品之一，是用上等芝麻经过筛选、水洗、焙炒、风净、磨酱等工序而制成的。其富含蛋白质、氨基酸及多种维生素和矿物质，有很高的保健价值。芝麻酱是火锅的涮料之一，能起到很好的提味作用，做酱时常用芝麻酱来调和拌酱的味道。

第一章

天然新滋味的百变抹蘸酱

在吐司上抹一层奶油、花生酱；在饼干上涂上一层特调的起司酱、鲜果酱……再配上一杯咖啡、红茶或是豆浆，就是完美的一餐。

意想不到的百变搭配，颠覆所有你对抹蘸酱的想象，即使只是简单的变化，也能丰富每一天的味蕾感受……

金枪鱼抹酱

原材料 金枪鱼、酸黄瓜各25克，黑水榄、青水榄、洋葱各20克，奶油50克

做法

1. 将金枪鱼、洋葱、酸黄瓜、青水榄、黑水榄切末，奶油放打蛋器内打发。
2. 最后将所有的原材料搅拌均匀即可。

应用：用于蘸食面包或海鲜类食物。
保存：室温下可保存2天，冷藏可保存8天。
烹饪提示：奶油打发后才能搅拌混合其他食材。

推荐菜例

猕猴桃起司吐司

润燥通便，美容减肥

原材料 吐司75克，猕猴桃40克，低脂起司30克

调味料 金枪鱼抹酱适量

做法

1. 将金枪鱼抹酱涂抹在吐司上。
2. 将猕猴桃切成薄片，与低脂起司一起夹入吐司中。
3. 将做好的猕猴桃起司吐司放入烤箱，烤到吐司表面为金黄色即可。

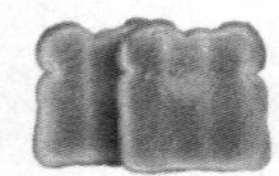
吐司

猕猴桃

香橙起司抹酱

原材料 柳橙皮25克，起司25克

调味料 柳橙汁20毫升，蛋黄酱50克

做法

1. 将柳橙皮洗净，切碎。
2. 将碎柳橙皮与剩余原材料与调味料混合搅拌均匀即可。

应用：可作为面包抹酱使用。

保存：室温下可保存2天，冷藏可保存18天。

烹饪提示：加入柳橙皮能使酱汁味道更醇香。

推荐菜例

烤火腿生菜三明治

健脾开胃，生津益血

原材料 火腿300克，吐司300克，生菜100克

调味料 炼乳适量，香橙起司抹酱适量

做法

1. 将吐司切去四周的边；将生菜洗净，修剪成四方形的片；将火腿切片。
2. 取一片吐司，盖上一片火腿，抹上适量的炼乳。
3. 放上一片生菜叶，最后盖上另一片吐司，即成三明治。将三明治装盘，送入烤箱烤2分钟取出，吃时切成三角形，配以香橙起司抹酱食用。

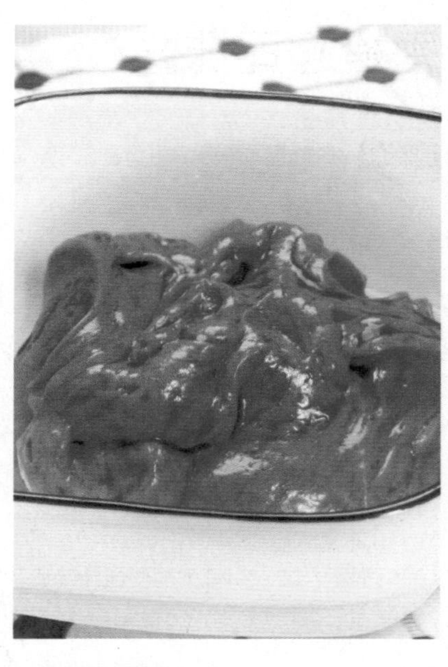

巧克力抹酱

原材料 巧克力50克，果胶8克

调味料 白糖6克，柠檬汁15毫升

做法

1. 将巧克力隔水加热融化。
2. 再加入白糖、柠檬汁、果胶搅拌均匀即可。

应用：作为各种点心的抹酱使用。

保存：室温下可以保存4小时，冷藏可以保存5天。

烹饪提示：隔水加热的温度最好不要超过60℃。

推荐菜例

香蕉酸奶蛋糕

清热润肺，增强食欲

原材料 低筋面粉60克，泡打粉2.5克，鸡蛋1个，无糖酸奶50毫升，无盐奶油30克，香蕉30克

调味料 糖50克，巧克力抹酱适量

做法

1. 将鸡蛋打散，和部分糖打发，然后加入无糖酸奶拌匀，再加入过筛的低筋面粉、泡打粉拌匀。
2. 再将融化的无盐奶油加入步骤1拌匀。倒入模具内至八分满。将切片香蕉放在面糊上，在香蕉片上撒剩余的糖。最后放入烤炉，以180℃温度烤35分钟左右出炉。待冷却后，配以巧克力抹酱食用即可。

香芹沙拉酱

原材料 起司粉20克，大蒜15克，香芹15克

调味料 蛋黄酱50克，盐3克，胡椒粉10克

做法

1. 将大蒜、香芹洗净，切碎。
2. 再与剩余的原材料和调味料一起混匀即可。

应用： 作为点心类的抹酱使用。
保存： 室温下可保存1天，冷藏可保存18天。
烹饪提示： 大蒜可依个人口味添加。

推荐菜例

柠檬酸奶松饼

促进消化，防治结石

原材料 鸡蛋、柠檬各1个，低筋面粉120克，泡打粉5克，无糖原味酸奶50毫升

调味料 黄油50克，糖40克，柠檬糖浆5毫升，粗盐、香芹沙拉酱各适量

做法

1. 用粗盐涂抹切片柠檬，再将柠檬片入锅，加糖和水拌匀，用中火煮；将黄油打散后加糖拌匀；将打散鸡蛋分次倒入并拌匀。
2. 将低筋面粉和泡打粉过筛后拌匀，加柠檬糖浆、酸奶、香芹沙拉酱拌匀。装进松饼杯，放入预热至180℃的烤箱，烤25~30分钟出炉。

番茄辣抹酱

原材料 番茄、辣椒、大蒜、罗勒、香菜梗、洋葱各适量

调味料 橄榄油20毫升，蜂蜜30毫升，辣椒水、柠檬汁各适量

做法

1. 将大蒜洗净，切碎；将番茄入沸水中焯一下后去皮、去子切丁；将其余原材料全部切小丁。
2. 再加入所有调味料拌匀即成。

应用： 可作为面包抹酱。

保存： 室温下可保存2天，冷藏可保存15天。

烹饪提示： 番茄去皮后口感更好。

推荐菜例

串烤芋头

补中益肾，益脾健胃

原材料 芋头400克

调味料 生抽适量，番茄辣抹酱适量

做法

1. 将芋头去皮，洗净后切成片。倒入生抽，和芋头片一起拌匀腌至入味。
2. 用洗净的竹签将芋头片串起。
3. 将芋头片装盘，送入烤箱烤约10分钟至熟，配以番茄辣抹酱食用即可。

芋头

生抽

火腿起司抹酱

原材料 火腿丁40克，起司粉8克

调味料 黄油50克，麻油8毫升

做法

1. 锅置火上，烧热麻油，下入火腿丁稍煎，捞出。
2. 与打发的黄油、起司粉拌匀即可。

应用： 用于配食面包等。

保存： 室温下可保存2天，冷藏可保存8天。

烹饪提示： 起司粉就是用干奶酪磨成的粉末，在超市即可购买到。

推荐菜例

烤蔬菜条

滋阴润肺，防癌抗癌

原材料 胡萝卜、土豆、莴笋各200克

调味料 盐适量，火腿起司抹酱适量

做法

1. 将胡萝卜、土豆、莴笋分别洗净，去皮，切成大小一致的粗条状。
2. 将蔬菜条放到干布上，擦干水。
3. 再撒上适量的盐，和蔬菜条一同拌匀腌渍约10分钟。
4. 用锡纸将盘子裹好，放上蔬菜条，送入烤箱烤熟即可，最后配以火腿起司抹酱食用即可。

紫苏抹酱

原材料 大蒜15克，紫苏叶10克

调味料 黄油40克，橄榄油15毫升

做法

1. 将大蒜去皮；将紫苏叶用水洗净。
2. 将原材料和调味料一起放入搅拌机搅打均匀即可。

应用：用于配食肉类、海鲜。

保存：室温下可以保存4小时，冷藏可以保存5天。

烹饪提示：紫苏叶洗净后要沥干水分才能用。

推荐菜例

覆盆子大理石蛋糕

补肝益肾，强健身体

原材料 消化饼干100克，无盐奶油50克，奶油乳酪100克，淡奶油100克，吉利丁5克，覆盆子泥20克

调味料 糖25克，柠檬汁15毫升，紫苏抹酱适量

做法

1. 将无盐奶油融化后加入弄碎的消化饼干中拌匀。倒入已经封好的模具中压平，冷藏至凝固备用。
2. 将奶油乳酪融化，加糖、淡奶油、溶解的吉利丁、柠檬汁拌匀即成馅料。
3. 在已凝固好的饼模上倒入覆盆子泥及馅料。用竹签划上纹路，入冰箱冷冻。取出切块，配以紫苏抹酱食用。

雪菜肉末抹酱

原材料 雪菜20克，猪肉20克，辣椒10克，姜末15克

调味料 糖8克，米酒25毫升，油适量

做法

1. 将辣椒、猪肉洗净，辣椒切末，猪肉绞碎；将雪菜略泡水，去除多余的盐分后挤干水，再切成丁。
2. 锅中放入油，将猪绞肉及姜末爆香，加入雪菜及辣椒末炒香，再加入糖及米酒调味即成。

应用：用于配食海鲜、蔬菜等。
保存：冷藏可保存8天。

推荐菜例

黄瓜萝卜肉片卷

益气补肾，增强免疫力

原材料 猪五花肉200克，胡萝卜、小黄瓜各200克

调味料 盐适量，雪菜肉末抹酱适量

做法

1. 猪肉洗净，切成大小一致的薄片；将胡萝卜和小黄瓜洗净切条。在猪肉片上抹上盐腌至入味。
2. 用猪肉片将胡萝卜和小黄瓜卷在一起，再抹上雪菜肉末抹酱，用竹签串过固定。
3. 用锡纸包裹住盘子和猪肉卷，送入烤箱以中高火烤约8分钟，至熟即可。

味噌辣蘸酱

原材料 辣椒20克

调味料 辣酱45克，麻油40毫升，韩国味噌20克，糖8克

做法

1. 将辣椒洗净，切成片。
2. 将辣椒片与所有的调味料一起混合均匀即可。

应用：用于配食肉类、海鲜等。

保存：室温下可以保存2天，冷藏可以保存15天。

烹饪提示：选用韩国味噌，做出来的酱口感更浓郁。

推荐菜例

腌黄花鱼

健脾益气，开胃消食

原材料 黄花鱼1条

调味料 花椒、白酒各适量，盐3克，味噌辣蘸酱适量

做法

1. 将黄花鱼洗净，从背部片开。
2. 在容器内先撒一层盐，将黄花鱼肚朝下放入，再加盐、花椒和白酒，用重物压实，腌20小时。
3. 将腌好的黄花鱼放入蒸笼蒸熟后，配以味噌辣蘸酱即可食用。

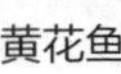

黄花鱼

花椒

罗勒牛油抹酱

原材料 罗勒20克

调味料 盐4克，胡椒粉3克，牛油适量

做法

1. 将罗勒洗净后切碎；将牛油放入锅中烧至融化。
2. 将牛油与罗勒同拌，调入盐、胡椒粉搅拌均匀即可。

应用： 可作为面包抹酱。

保存： 室温下可保存1天，冷藏可保存12天。

烹饪提示： 罗勒非常适合与番茄搭配，此酱中若加入适量番茄，风味更加独特。

推荐菜例

沙嗲烤牛肉

益气补血，强筋健骨

原材料 牛肉500克，葱、红辣椒各3克

调味料 盐、生抽、沙嗲酱、咖喱粉各适量，罗勒牛油抹酱适量

做法

1. 将牛肉洗净切片；将葱、红辣椒分别洗净切碎。
2. 将盐撒到牛肉上抹匀腌渍约10分钟。
3. 将生抽、沙嗲酱、咖喱粉、罗勒牛油抹酱混合，用小刷子均匀地刷到牛肉上，再用竹签串起牛肉片。
4. 用锡纸将盘子包好，放上牛肉串，送入烤箱烤熟，撒上葱和红辣椒即可。

甜蒜蘸酱

原材料 大蒜30克

调味料 果糖30克，腐乳酱15克，酱油膏70克

做法

1. 将大蒜去皮洗净，切末。
2. 将原材料与调味料同拌，充分搅拌均匀即可。

应用： 用于蘸食卤菜、白灼类菜肴。

保存： 室温下可保存2天，冷藏可保存15天。

烹饪提示： 此酱中果糖也可以用白糖来替代。

推荐菜例

子姜炒羊肉丝

补血益气，温中暖肾

原材料 鲜羊肉300克，子姜100克，甜椒60克，蒜苗50克，香菜段适量

调味料 醋、料酒各5毫升，水淀粉、酱油各适量，盐适量，鸡精5克，甜蒜蘸酱适量

做法

1. 将羊肉洗净，切成丝，用料酒、盐腌片刻。
2. 将子姜和甜椒切丝；蒜苗切段；水淀粉、酱油放碗中，调成芡汁待用。
3. 锅中放油烧热，下子姜丝煸香，再下肉丝、甜椒丝、蒜苗段一起煸炒，放料酒、盐、鸡精，烹芡汁，起锅前放香菜段和醋，配以甜蒜蘸酱食用。

海带芝麻抹酱

原材料 海带、香菇、熟白芝麻各适量

调味料 醋20毫升

做法

1. 将海带、香菇泡发后切丁。
2. 与调味料放入锅中煮至软化，撒上白芝麻即可。

应用：可作为面包抹酱。
保存：冷藏可保存5天。
烹饪提示：香菇不可放太早。

推荐菜例

土豆烤火腿肠

和胃健中，解毒消肿

原材料 火腿肠450克，土豆300克

调味料 盐、黑胡椒粉各适量，海带芝麻抹酱适量

做法

1. 将火腿肠除去包装，一切为二；将土豆洗干净以后，去皮，切成与火腿肠长短一致的条。
2. 将土豆和火腿肠间隔着排放到盘中，并撒上适量的盐和黑胡椒粉。
3. 将土豆和火腿肠放进烤箱里面烘烤，待烤熟后取出，配以海带芝麻抹酱蘸食即可。

辣味鳀鱼黄油抹酱

原材料 鳀鱼30克

调味料 辣椒粉15克，黄油40克

做法

1. 锅置于火上，放入鳀鱼、辣椒粉略煎，捞出。
2. 将黄油放入锅中，待其慢慢融化，下入鳀鱼和辣椒粉，搅拌均匀即可。

应用： 用于配食点心等。

保存： 室温下可保存4小时，冷藏可保存10天。

烹饪提示： 做此酱时要掌握好火候。

推荐菜例

烤火腿卷虾

补肾壮阳，养血固精

原材料 大虾300克，火腿200克

调味料 盐、料酒各适量，辣味鳀鱼黄油抹酱适量

做法

1. 将大虾洗净，剪去虾须和虾脚，放入盘中，加入盐、料酒腌渍去腥。
2. 将火腿除去包装，然后切成薄片。取火腿片包裹住一只虾，用牙签固定。
3. 再将卷好的大虾送入烤箱，以中高火烤约10分钟至熟，配以辣味鳀鱼黄油抹酱即可食用。

紫苏梅蘸酱

原材料 紫苏梅30克

调味料 白醋5毫升，糖5克，白胡椒粉少许，鱼露10毫升，麻油10毫升

做法

1. 将紫苏梅清洗干净。
2. 将所有的原材料和调味料一起搅拌均匀即可。

应用：用于蘸食海鲜类食物。

保存：室温下可保存2天，冷藏可保存10天。

烹饪提示：加糖能增加甜味，使酱汁风味更佳。

推荐菜例

大蒜烧鳗鱼

增强记忆力，保护肝脏

原材料 鳗鱼500克，大蒜、香菇各100克，葱、姜、汤各适量

调味料 白糖、料酒、淀粉、鸡精、蚝油、酱油、花生油各适量，盐3克，紫苏梅蘸酱30克

做法

1. 将鳗鱼洗净切段，加盐和料酒、淀粉腌入味。锅置火上，加油烧热，将入好味的鳗鱼段炸一下，捞出控油；将大蒜炸至金黄色，捞出控油待用。
2. 油锅烧热，爆葱和姜，加鸡精、蚝油、酱油、汤、盐、白糖和料酒，放入香菇、大蒜和鳗鱼炒匀，倒入砂锅中，用小火烧熟搭配紫苏梅蘸酱食用。

葱末辣椒酱

原材料 辣椒酱50克，葱10克

调味料 味啉8毫升，酱油5毫升，辣椒粉10克

做法

1. 先将葱洗净切末。
2. 再将所有原材料和调味料加适量凉开水一起搅拌均匀即可。

应用：用于蘸酱或者炒肉类食物。

保存：室温下可保存6天，冷藏可保存30天，冷冻可保存60天。

烹饪提示：做酱时可采用薄盐酱油，这样做出来的酱风味未变。

推荐菜例

五彩葱结

健脑益智，补虚养身

原材料 小葱100克，鸡蛋2个，火腿230克，松仁10克，红辣椒丝少许

调味料 松仁粉少许，葱末辣椒酱适量

做法

1. 将小葱放入盐水中焯一下；将鸡蛋黄和鸡蛋清分开煎成片，然后切小块；将火腿切成与鸡蛋同样大小的块。
2. 将鸡蛋白、火腿、鸡蛋黄叠放好，并在其表面放上辣椒丝和松仁，然后用小葱将之绑成五彩葱结；在葱末辣椒酱中撒少许松仁粉，作为五彩葱结的蘸酱。

番茄抹酱

原材料 番茄10克

调味料 黄油35克，番茄沙司20克

做法

1. 将番茄入开水中稍烫，冲冷水，去皮，切粒。
2. 再与番茄沙司、打发的黄油一起搅拌均匀即可。

应用： 用作沙拉或者蘸食海鲜。

保存： 室温下可保存2天，冷藏可保存10天。

烹饪提示： 将番茄去皮，有利于搅拌，使酱细腻些。

推荐菜例

鲜奶烤香蕉

清热润肺，防治便秘

原材料 香蕉2根，鲜奶100毫升，葱末少许

调味料 糖10克，黄油10克，番茄抹酱适量

做法

1. 将香蕉去皮，切段，再对半剖开。
2. 将鲜奶下入炒锅内加热，倒入黄油、糖炒匀。
3. 将香蕉放在锡纸上，倒入已经炒好的鲜奶。
4. 送入烤箱烤熟，撒上葱末，配以番茄抹酱即可食用。

辣味蒜蓉抹酱

原材料 香菜10克，蒜蓉10克

调味料 辣椒粉15克，黄油40克，麻油8毫升

做法

1. 锅置火上，放入麻油，爆香辣椒粉、蒜蓉。
2. 再与香菜、打发的黄油一起混合均匀即可。

应用： 可作为各式点心的抹酱使用。

保存： 室温下可保存2天，冷藏可保存10天。

烹饪提示： 做酱料的黄油选择以牛奶为原料制作的黄油，味道会更好。

推荐菜例

蒜香烤肋排

滋阴润燥，益精补血

原材料 猪肋排500克，大蒜5克

调味料 盐、料酒、糖各适量，辣味蒜蓉抹酱适量

做法

1. 将猪肋排清洗干净，剁成块；将大蒜洗净剁成蓉。
2. 将盐、料酒、糖撒到肋排块上，抹匀腌渍约10分钟。
3. 将剁碎的蒜蓉撒到肋排上，并倒上辣味蒜蓉抹酱拌匀。
4. 将腌好的猪肋排用锡纸包好，送入烤箱中以高火烤约30分钟至熟即可。

青红椒酸甜酱

原材料 红椒、青椒各10克

调味料 醋50毫升，盐5克，椰糖20克

做法

1. 将青椒、红椒洗净，切圈。
2. 将青椒圈、红椒圈与调味料一起搅拌均匀即可。

应用：用于蘸食海鲜、蔬菜等。

保存：室温下可以保存2天，冷藏可以保存5天。

烹饪提示：椰糖不易散开，用之前先将其压散。

推荐菜例

枸杞大白菜

益胃生津，清热除烦

原材料 大白菜500克，枸杞子20克，上汤适量

调味料 盐3克，鸡精3克，水淀粉15毫升，青红椒酸甜酱适量

做法

1. 将大白菜洗净切片；将枸杞子入清水中浸泡后洗净。
2. 锅中倒入上汤煮开，放入大白菜煮至软，捞出放入盘中。
3. 汤中放入枸杞子，加盐、鸡精调味，以水淀粉勾芡，浇淋在大白菜上，再配以青红椒酸甜酱食用即成。

蒜蓉麻油蘸酱

原材料 大蒜25克

调味料 生抽40毫升，糖15克，麻油15毫升，味精5克

做法

1. 将大蒜去皮，放入果汁机中搅打。
2. 放生抽、糖、麻油、味精搅匀即可。

应用：用于蘸食各种肉类食物。
保存：室温下可保存4天，冷藏可保存45天。
烹饪提示：如果用酱油膏来代替生抽亦可。

推荐菜例

酱麻鸭

滋补养胃，降压降脂

原材料 麻鸭1只，葱结、姜块各适量

调味料 盐、花椒、料酒、酱油、白糖各适量，蒜蓉麻油蘸酱适量

做法

1. 将麻鸭洗净，晾干。
2. 将麻鸭用盐、花椒、白糖腌3天，放入酱油中浸12小时，捞起。
3. 将原汁酱油煮沸，洒遍鸭的全身，置日光下晒2~3天后，再挂到通风处。食前加姜、葱、料酒蒸熟后改刀，配以蒜蓉麻油蘸酱食用即可。

刁草柠檬抹酱

原材料 刁草10克

调味料 黄油50克，柠檬汁15毫升

做法

1. 将黄油放入锅中融化。
2. 加入刁草、柠檬汁一起搅拌均匀。

应用： 用于蛋糕制作。

保存： 室温下可以保存3小时，冷藏可保存4天。

烹饪提示： 将刁草洗后要沥干水分，否则不利于酱的保存。

推荐菜例

吐司烤鱼

滋补健胃，养肝补血

原材料 鱼肉300克，吐司50克，鸡蛋1个

调味料 生抽、盐各适量，刁草柠檬抹酱适量

做法

1. 将吐司切成竖条；将鱼肉洗净，剔去鱼刺，切成与吐司大小一致的片，用生抽、盐腌好。
2. 将鸡蛋取蛋黄搅散，用毛刷蘸取蛋黄液均匀地刷到吐司上。
3. 将鱼肉片和刁草柠檬抹酱放吐司上，用锡纸包好，送入烤箱，以高火烤约5分钟，至熟即可。

甜醋蘸酱

调味料 白醋15毫升，糖20克，酱油40毫升

做法

1. 将白醋、糖和酱油先后加入碗中。
2. 将上述材料搅拌均匀即成。

应用：用于佐食肉类、海鲜等食物。
保存：室温下可保存2天，冷藏可保存15天。
烹饪提示：用酱油膏代替酱油做酱，酱会更浓稠。

推荐菜例

韭菜茎拌虾仁

补肾壮阳，增强免疫力

原材料 韭菜茎150克，虾200克，大蒜10克

调味料 盐3克，甜醋蘸酱适量

做法

1. 将韭菜茎洗净切成段；虾取虾仁备用；蒜剁成蓉。
2. 锅中加水烧沸，将韭菜茎和虾仁分别焯熟后捞出。
3. 将韭菜段和虾仁一起装入碗内，放入蒜蓉和盐拌匀，配以甜醋蘸酱食用。

虾

大蒜

酸黄瓜抹酱

原材料 酸黄瓜25克，洋葱20克

调味料 黄油50克

做法

1. 将酸黄瓜切成丁；将洋葱洗净，沥干水分，切成丁。
2. 锅置火上，放入黄油，再放入酸黄瓜丁、洋葱丁一起搅拌均匀。

应用：用于佐食各种点心。

保存：室温下可以保存4小时，冷藏可以保存3天。

烹饪提示：如果不习惯生洋葱的味道，也可以先把洋葱煸软。

推荐菜例

山药蛋糕

补脾益胃，滋养强身

原材料 熟山药150克，奶油100克，糖粉150克，鸡蛋1个，低筋面粉200克，泡打粉4克，粟粉30克，鲜奶40毫升，杏仁片适量

调味料 酸黄瓜抹酱适量

做法

1. 把熟山药肉捣烂，放到奶油、糖粉中，混合均匀。打入鸡蛋液拌匀。加低筋面粉、粟粉、泡打粉，拌至无粉粒，拌透。分次加鲜奶，搅拌均匀。
2. 装入裱花袋，挤入纸托内至八分满，表面撒上杏仁片。入炉，以140℃的炉温烘烤，约烤25分钟。烤至完全熟透，出炉后，配以酸黄瓜抹酱食用。

花生抹酱

原材料 碎花生20克，奶油45克

调味料 花生酱25克

做法

1. 将锅置于火上，将奶油放入锅中加热至其融化。
2. 加入花生酱和碎花生搅拌均匀即可。

应用：用于佐食各式点心。
保存：室温下可以保存5小时，冷藏可以保存3天。
烹饪提示：可以将花生磨碎再加入酱中，这样酱更细腻。

推荐菜例

意式起司蛋糕

促进代谢，增强免疫力

原材料 奶油起司、蛋黄、无盐奶油、糖粉、玉米粉各适量

调味料 花生抹酱适量

做法

1. 将奶油起司和无盐奶油打发。加入糖粉、玉米粉、蛋黄搅拌均匀即成乳酪面糊。
2. 将乳酪面糊倒入垫有饼底的模具里面，抹平。
3. 放入烤箱，以160℃烤50分钟左右至熟后出炉，冷却后放入冰箱冷冻至凝固。脱模后，切成块装饰，配以花生抹酱食用即可。

番茄辣蘸酱

原材料 姜10克，香菜、红椒各适量

调味料 番茄酱20克，味噌4克，酱油10毫升，糖10克

做法

1. 将姜、香菜、红椒均洗净，切末。
2. 将原材料与调味料混合拌匀即可。

应用：用于蘸食肉类食物。

保存：室温下可以保存2天，冷藏可以保存7天。

烹饪提示：做此酱时要将原材料切末，香气才容易释放出来。

推荐菜例

茄汁芦笋

降低血压，消除疲劳

原材料 芦笋400克，鲜汤适量

调味料 盐2克，花生油30毫升，糖2克，味精2克，水淀粉5毫升，番茄酱30克，麻油适量，番茄辣蘸酱适量

做法

1. 将芦笋洗净，沥去水分，将每条芦笋切成3段，再切斜刀片。
2. 炒锅中下花生油，烧至六成热放番茄酱煸炒，加鲜汤、芦笋、糖、盐、味精、番茄辣蘸酱炒匀。
3. 烧滚后用水淀粉勾芡，淋麻油，起锅装盘即成。

番茄蒜蘸酱

原材料 大蒜适量

调味料 番茄酱10克，糖5克，酱油膏10克，辣酱油12毫升，油适量

做法

1. 将大蒜去皮洗净，切末。
2. 油锅烧热，放入大蒜炒香，注入水烧开，调入番茄酱、辣酱油、糖、酱油膏拌匀即可。

应用： 可用于佐食油炸类食物。
保存： 室温下可保存3天，冷藏可保存20天。
烹饪提示： 此酱煮开可增加酱料稠度，使食材更易黏附、入味。

推荐菜例

家常煎黄花鱼

健脾益气，防治癌症

原材料 黄花鱼1条，鸡蛋2个，面粉150克，葱、姜各适量

调味料 花椒、味精、料酒、淀粉各适量，花生油100毫升，盐3克，番茄蒜蘸酱30克

做法

1. 将黄花鱼洗净，加盐、味精、葱、姜、花椒和料酒腌渍入味。
2. 将鸡蛋壳磕破，将鸡蛋液、面粉和淀粉调成糊，备用。
3. 将黄花鱼挂糊，入油锅煎至两面金黄、熟透后，配以番茄蒜蘸酱食用。

火腿起司抹酱

原材料 火腿、西芹各15克，起司25克

调味料 盐3克，沙拉酱40克

做法

1. 先将火腿切成丁。
2. 然后与其他原材料一起放入食物调理机打成泥，再加入盐、沙拉酱拌匀即可。

应用：可作为面包抹酱。

保存：室温下可保存1天，冷藏可保存20天。

烹饪提示：先将火腿切碎，这样容易被打碎。

推荐菜例

烤紫薯片

保护心脏，防癌抗癌

原材料 紫薯300克

调味料 黄油适量，火腿起司抹酱适量

做法

1. 将紫薯洗净，削去皮，切成圆片。
2. 将紫薯片放到干布上吸干水分。
3. 取适量黄油放到紫薯片上。
4. 再将紫薯片送入烤箱，以中、高火烤熟，配以火腿起司抹酱食用即可。

紫薯

黄油

红酒抹酱

原材料 红酒15毫升，提子干20克

调味料 黄油50克

做法

1. 锅置火上，放入黄油煮至融化。
2. 加入红酒、提子干搅拌均匀即可。

应用： 用于佐食面包。

保存： 室温下可以保存3小时，冷藏可以保存4天。

烹饪提示： 做此酱时要掌握好火候，以小火边煮边搅拌。

推荐菜例

果碎蛋糕

消除疲劳，补脾益胃

原材料 糖粉、奶油、鸡蛋、低筋面粉、奶粉、奶香粉、泡打粉、提子干、核桃碎、樱桃、香酥粒各适量

调味料 红酒抹酱、朗姆酒各适量

做法

1. 把糖粉、奶油倒在一起，先慢后快，打至奶白色。分次加鸡蛋液拌匀。
2. 加入低筋面粉、奶粉、奶香粉、泡打粉，拌至无粉粒。加入泡了朗姆酒的提子干、核桃碎、樱桃，完全拌匀。倒入模具内至八分满。
3. 在其表面撒上香酥粒。入炉以170℃的炉温烘烤。约烤60分钟，完全熟透，出炉脱模，配以红酒抹酱食用。

核桃黄油抹酱

原材料 核桃35克，蒜蓉12克

调味料 黄油50克

做法

1. 锅置于火上，放黄油，以小火加热至融化。
2. 加入核桃、蒜蓉一起搅拌均匀即可。

应用：用于佐食面包。

保存：室温下可以保存5小时，冷藏可以保存4天。

烹饪提示：如果希望酱更细腻些，可以把核桃磨成粉再搅拌。

推荐菜例

红莓乳酪蛋糕

开胃消食，补虚益胃

原材料 牛奶、无盐奶油、蛋黄、低筋面粉、奶油乳酪、蛋清、小红莓、巧克力片各适量

调味料 白糖48克，盐1克，柠檬汁适量，核桃黄油抹酱适量

做法

1. 将牛奶、无盐奶油混合加热，加入蛋黄、白糖、盐拌匀，加面粉和柠檬汁拌匀。
2. 将奶油乳酪隔水软化后拌匀；将蛋清打出泡，与步骤1混合搅匀后，倒入模具抹平，入炉以180℃隔水烤熟，出炉脱模。 放巧克力片、小红莓装饰，配以核桃黄油抹酱食用。

葱花沙茶蘸酱

原材料 葱5克，芝麻5克

调味料 酱油50毫升，沙茶酱10克，糖8克

做法

1. 将葱洗净，切葱花。
2. 将葱花、沙茶酱、芝麻、酱油、糖混合拌匀即可。

应用： 用于蘸食火锅类食物。

保存： 室温下可保存1天，冷藏可保存18天。

烹饪提示： 葱花可在食用时再加入，葱香味更浓郁。

推荐菜例

沙茶薯条

健脾和胃，益气调中

原材料 土豆200克，香菜末5克

调味料 沙茶酱10克，酱油5毫升，糖3克，淀粉10克，葱花沙茶蘸酱、油各适量

做法

1. 将土豆去皮，切成粗条，用盐水漂洗，捞出沥干。
2. 锅内放适量油烧至八成热，将土豆拌入淀粉后，放入热油中炸至酥黄捞出。
3. 将炸油倒出一部分，留适量油炒沙茶酱、酱油和糖，再放土豆条快速拌匀盛出，撒上香菜末，配以葱花沙茶蘸酱食用即可。

花椒芝麻酱

原材料 芝麻10克，大蒜15克

调味料 盐3克，糖8克，花椒20克，酱油膏30克，味精2克

做法

1. 将大蒜去皮洗净，切末。
2. 将花椒、蒜末煸炒出香味，加入冷开水、芝麻、盐、糖、酱油膏、味精混合均匀即可。

应用： 用于各类点心及肉类食物。

保存： 室温下可保存2天，冷藏可保存14天。

烹饪提示： 食用时先把花椒捞出。

推荐菜例

月桂玉兔

补中益气，滋阴养颜

原材料 净兔肉1只，葱花、姜末各适量

调味料 八角、盐、鸡精、花椒芝麻酱、油各适量

做法

1. 将兔肉煮熟，放入七成热的油中炸至金黄色，装盘。
2. 将剩余调味料调匀，抹在已炸好的兔肉上即可。

兔肉　　葱花

香橙果酱

原材料 柳橙丁50克，果胶10克，橙皮8克

调味料 白糖10克，橙汁20毫升

做法

1. 将橙皮清洗干净。
2. 将原材料和调味料放入果汁机中搅打均匀即可。

应用： 用于蘸食各种点心。
保存： 室温下可以保存3小时，冷藏可以保存5天。
烹饪提示： 此酱冷藏一晚后再用，口味更好。

推荐菜例

牛奶烤苹果

生津止渴，健脾益胃

原材料 苹果500克，牛奶100毫升

调味料 炼乳30克，乳酪碎5克，香橙果酱适量

做法

1. 将苹果洗净，对半切开后挖去核，再切成片。将牛奶和炼乳一起放入容器拌匀。
2. 将苹果放到锡纸上，撒上乳酪碎；再倒入拌好的牛奶和炼乳。
3. 将苹果连锡纸一起放入盘中，用锡纸反裹住盘子，送入烤箱烤熟，取出后配以香橙果酱食用。

芥末甜蘸酱

调味料 沙拉酱20克，芥末粉10克，糖8克，白醋25毫升，米酒适量，酱油15毫升

做法

1. 将上述调味料放入碗内。
2. 将它们混合搅拌均匀即可。

应用： 用于蘸食海鲜类食物。
保存： 室温下可以保存2天，冷藏可以保存8天。
烹饪提示： 加米酒不但能去腥，还会使酱汁有一股淡淡的清香。

推荐菜例

油浸鲳鱼

益气养血，舒筋利骨

原材料 鲳鱼1条，葱、姜片各适量

调味料 盐3克，味精、料酒、酱油、花生油各适量，芥末甜蘸酱适量

做法

1. 将鲳鱼洗净，剞花刀。
2. 加味精、酱油、盐、料酒、葱和姜片腌渍4小时，入油锅炸至金黄色。
3. 炒锅置火上，加油烧至五成热，入鲳鱼，停火，用油的余温把鱼浸透至熟，捞出装盘配以芥末甜蘸酱即可。

鲳鱼　　盐

蒜蓉蘸酱

原材料 大蒜、葱、青椒、红椒各适量

调味料 鸡油20克，盐、味精各3克，麻油5毫升

做法

1. 将大蒜去皮，洗净后切末；青椒、红椒洗净切条；葱洗净切段。
2. 将鸡油、蒜末、青椒、红椒混合，加入盐、味精，淋麻油，撒入葱段拌匀即可。

应用： 可用于蘸食肉类食物。

保存： 室温下可保存3天，冷藏可保存20天。

烹饪提示： 做此酱时，将青椒、红椒炒香，酱料会更香。

推荐菜例

一桶牛肉

滋养脾胃，强健筋骨

原材料 牛肉600克，姜1块，大蒜5克，干辣椒15克

调味料 盐4克，醋10毫升，生抽15毫升，糖3克，麻油5毫升，料酒适量，蒜蓉蘸酱适量

做法

1. 将洗净的牛肉入沸水中，加醋、料酒煮熟；将姜洗净，切片；将大蒜洗净，剁蓉；将干辣椒洗净。
2. 油锅烧热，放入糖、牛肉、姜和大蒜，调入生抽、盐和干辣椒，炒干后再加水煮熟，淋麻油配以蒜蓉蘸酱食用即可。

香草抹酱

原材料 香草15克

调味料 黄油40克

做法

1. 先将黄油打发。
2. 然后将香草和打发的黄油一起搅拌均匀即可。

应用：用于佐食面包。

保存：室温下可保存2天，冷藏可保存10天。

烹饪提示：香草有迷迭香、罗勒、百里香等，可根据个人喜好选择添加。

推荐菜例

烤蛋香苹果

健脾益胃，养心益气

原材料 苹果200克，鸡蛋2个，牛奶50毫升

调味料 糖、盐各适量，香草抹酱适量

做法

1. 将苹果洗净，去核，切成小丁。
2. 将苹果丁放入碗中，加水和盐浸泡约10分钟后捞出沥干。将鸡蛋打入碗中，加入牛奶和糖拌匀成蛋液。
3. 将蛋液先放入烤箱以低火烤3分钟后取出，撒上苹果丁，再放入烤箱烤5分钟即可，配以香草抹酱食用。

绿芥末抹酱

原材料 奶油50克

调味料 芥末15克，柠檬汁10毫升

做法

1. 将原材料与调味料依次放入碗内。
2. 将它们混合搅拌均匀即可。

应用：用于佐食各式点心。

保存：室温下可以保存5小时，冷藏可以保存2天。

烹饪提示：用葡萄汁代替柠檬汁调酱，味道也相当不错。

推荐菜例

乳酪马芬蛋糕

补肺养血，健脾益胃

原材料 无盐奶油、糖粉各40克，鸡蛋2个，低筋面粉100克，泡打粉3.5克，奶油乳酪50克，葡萄干、苹果丁各25克

调味料 绿芥末抹酱适量

做法

1. 将无盐奶油和糖粉打发。再将鸡蛋打散分次加入拌匀。再加入过筛的低筋面粉和泡打粉拌匀。
2. 将软化过的奶油乳酪、葡萄干和苹果丁加入步骤1中拌匀。
3. 将步骤2加入抹油的模具内至八分满。再放入烤盘，以180℃烤35分钟。烤至蛋糕膨胀熟透，配以绿芥末抹酱食用。

杏仁抹酱

原材料 杏仁30克，蒜蓉12克

调味料 黄油45克

做法

1. 先将杏仁研碎。
2. 锅置火上，放入黄油融化，加入杏仁碎、蒜蓉搅拌均匀即可。

应用： 用于佐食面包、蛋糕等。

保存： 室温下可以保存3小时，冷藏可以保存3天。

烹饪提示： 杏仁在研碎前烤一下，做出的酱味道会更香。

推荐菜例

红薯蛋糕

健脾养胃，滋阴强肾

原材料 熟红薯肉、奶油、糖粉、鸡蛋、低筋面粉、吉士粉、泡打粉、鲜奶、杏仁片各适量

调味料 杏仁抹酱适量

做法

1. 把熟红薯肉、奶油、糖粉倒在一起，混合均匀；加入鸡蛋液拌匀；加入低筋面粉、吉士粉、泡打粉拌至无粉粒；分次加入鲜奶完全搅匀即成酱。
2. 将馅装入裱花袋，挤入纸托内，至八分满。撒上杏仁片。入炉，以140℃的炉温烘烤约25分钟至熟后出炉。
3. 冷却后即可配以杏仁抹酱食用。

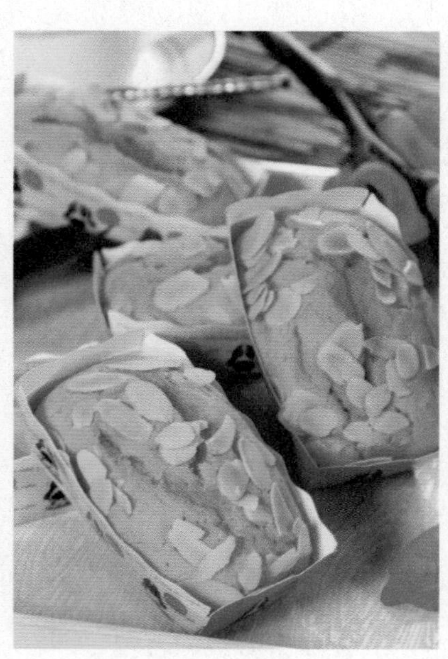

鹅肝抹酱

原材料 鹅肝35克，洋葱15克

调味料 黄油50克，百里香10克

做法

1. 将鹅肝入开水汆烫至熟，捞出沥干水分，切末；将洋葱洗净，切碎。
2. 锅置火上，放入黄油进行融化，加入备好的原材料及百里香拌匀即可。

应用： 用于蘸食各种点心。

保存： 室温下可以保存4小时，冷藏可以保存2天。

烹饪提示： 如果不习惯生洋葱味，可将洋葱煸软后再放入。

推荐菜例

牛油蛋糕

健脑益智，补脾和胃

原材料 鸡蛋3个，低筋面粉125克，高筋面粉38克，奶香粉1.5克，奶油125克，杏仁片适量

调味料 糖125克，牛油8克，鹅肝抹酱适量

做法

1. 将鸡蛋液、糖以中速打至糖溶化。
2. 放低筋面粉、高筋面粉、奶香粉、牛油，完全拌均匀后再加入奶油拌透。
3. 装入裱花袋，挤入扫了油的模具内，约至八分满。
4. 表面撒杏仁片，入炉以140℃的炉温烘烤。烤约30分钟至完全熟透，出炉，脱模，配以鹅肝抹酱食用即可。

姜葱海鲜蘸酱

原材料 姜15克，葱适量

调味料 盐、糖、生抽、白醋、麻油各适量

做法

1. 将姜洗净，切末；将葱洗净，切段。
2. 锅烧热，放入姜、葱混合，加入盐、糖、生抽、白醋、冷开水烧开，淋入麻油即可。

应用：用于佐食海鲜类、鱼类食物。
保存：室温下可以保存2天，冷藏可以保存8天。
烹饪提示：盐不可放太多，否则会抢了酱汁本身的香味。

推荐菜例

芦笋炒蛤蜊

补精益肾，防癌抗癌

原材料 芦笋300克，蛤蜊200克，虾仁150克，带子100克，姜片适量

调味料 盐3克，XO酱、米酒、油各适量，姜葱海鲜蘸酱适量

做法

1. 将芦笋洗净，切成段，放入盐水中焯烫，取出沥干。
2. 将蛤蜊先泡在清水中吐沙，吐净泥沙后洗净；将虾仁处理干净；将带子洗净，用沸水汆一下，捞出待用。
3. 油锅烧热，爆香姜，再放入盐和米酒、XO酱拌匀，加入芦笋、蛤蜊和虾仁、带子，快速翻炒，待蛤蜊开口装盘，配以姜葱海鲜蘸酱食用即可。

生姜柠檬蘸酱

原材料 姜20克

调味料 酱油30毫升，柠檬汁10毫升，盐5克，麻油适量

做法

1. 将姜洗净，切丝。
2. 将原材料与调味料一起拌匀即可。

应用：用于蘸食蔬菜。

保存：室温下可保存3天，冷藏可保存15天。

烹饪提示：将此酱汁冰镇一晚再使用，味道会更好。

推荐菜例

清蒸板鸭

增进食欲，延缓衰老

原材料 腊板鸭半只，红辣椒1个，葱丝5克，姜丝6克

调味料 醋、味精、麻油各适量，生姜柠檬蘸酱适量

做法

1. 将腊板鸭用开水泡约2小时后取出；将红辣椒切丝备用。
2. 将泡好的腊板鸭切成小块，放入盘中摆好，入蒸锅蒸约半小时后取出。
3. 用小碟装入姜丝、红辣椒丝、葱丝，调入醋、味精、生姜柠檬蘸酱、麻油成味汁，摆上即可食用。

朗姆酒葡萄抹酱

原材料 葡萄干、熟地瓜各适量

调味料 糖8克，蛋黄酱、蜂蜜、朗姆酒各适量

做法

1. 将葡萄干拌入朗姆酒中稍腌渍后，捞出沥干。
2. 将熟地瓜压软过筛，加入其余调味料调匀，再加入泡过酒的葡萄干拌匀。

应用： 适用于蘸食各种肉类、海鲜。
保存： 冷藏可保存5天。
烹饪提示： 葡萄干应选用正宗的吐鲁番葡萄干。

推荐菜例

烤黑椒牛肉

安中益气，强筋壮骨

原材料 牛肉400克，姜10克

调味料 盐、料酒、黑胡椒粉各适量，朗姆酒葡萄抹酱适量

做法

1. 将牛肉洗净，切片；将姜去皮洗净，切碎。
2. 将盐、料酒放到牛肉上，拌匀腌渍约10分钟。
3. 将牛肉放到锡纸上，撒上姜末和黑胡椒粉再腌约5分钟。
4. 再将腌好的牛肉放入盘中，送入烤箱以高火烤约10分钟至熟，配以朗姆酒葡萄抹酱食用。

酱油甜辣酱

原材料 米粉30克

调味料 酱油50毫升，糖35克，盐、辣椒粉、甘草粉各适量

做法

1. 将米粉、酱油、糖、盐、辣椒粉、甘草粉混合入锅，加水拌匀。
2. 然后将其置于火上烧开即可。

应用： 用于蘸食肉类菜肴或粽子。

保存： 室温下可保存2天，冷藏可保存20天。

烹饪提示： 煮好的酱不要太浓稠，因为酱放凉后会变得更浓稠。

推荐菜例

胡萝卜炒猪肝

补肝明目，延缓衰老

原材料 胡萝卜100克，猪肝150克，青椒20克，芹菜10克，姜5克

调味料 盐3克，鸡精3克，酱油甜辣酱10克，油适量

做法

1. 将猪肝切片；将胡萝卜切菱形片；将青椒切片；将芹菜切段。
2. 将猪肝片、胡萝卜片、青椒片入沸水中，稍焯捞出。
3. 锅中加油，下入猪肝、姜和其他原材料一起炒匀，再加入调味料炒至入味即可。

海带蜂蜜蘸酱

原材料 海带20克，海苔香松适量

调味料 糖8克，蜂蜜10毫升，白醋沙拉酱适量

做法

1. 将海带洗净切丝，与糖、蜂蜜混合。
2. 加白醋沙拉酱、海苔香松搅匀即可。

海带

蜂蜜

应用：用作生菜沙拉、海鲜类蘸酱。

保存：室温下可保存3天，冷藏可保存20天。

烹饪提示：沙拉拌好后要尽快食用。

推荐菜例

竹荪虾

清热利湿，补精益肾

原材料 竹荪50克，虾200克，西蓝花150克，姜、葱、蒜各5克，高汤适量

调味料 淀粉10克，鸡精2克，海带蜂蜜蘸酱、油各适量

做法

1. 将竹荪入开水中泡发，切成3厘米×5厘米的长方形，拍上淀粉；西蓝花洗净、切块，焯水后捞出装盘。
2. 将虾洗净，煮熟去壳，挑去泥肠，用竹荪把虾包卷起来，放于西蓝花上。
3. 起锅入油，爆香姜、葱、蒜，调入鸡精，加入高汤，做成芡汁，浇淋在竹荪上，配以海带蜂蜜蘸酱食用即可。

辣蒜蘸酱

原材料 葱10克，大蒜20克，姜15克

调味料 红油8毫升，酱油20毫升

做法

1. 将葱、姜均洗净，切末；将大蒜去皮洗净，切末。
2. 将原材料与调味料混合，拌匀即可。

应用：用于佐食各类清蒸食物。

保存：室温下可保存2天，冷藏可保存20天。

烹饪提示：此酱中若加入豆腐乳，风味更佳。

推荐菜例

水煮牛肉

补中益气，强健筋骨

原材料 牛肉350克，豌豆尖、蒜苗各50克，干辣椒圈、肉汤、葱末、芹菜各适量

调味料 酱油、豆瓣酱、红油、水淀粉、盐、花椒、油各适量，辣蒜蘸酱适量

做法

1. 将芹菜、蒜苗洗净切成段；将豌豆尖洗净；将牛肉洗净，切成片，加盐、酱油、水淀粉稍腌。
2. 油锅烧热，放豌豆尖、豆瓣酱、芹菜、花椒和蒜苗炒匀，加肉汤稍煮，捞起放大碗内垫底；锅内倒入牛肉片煮熟，勾芡收汁，起锅盛碗内，撒上辣椒圈、葱末，淋上红油、辣蒜蘸酱。

芥末葱花酱

原材料 葱3克

调味料 芥末10克，酱油、味精各适量

做法

1. 将葱洗净，切成末。
2. 加入芥末和剩余调味料一起拌匀即可。

芥末

酱油

应用：用于蘸食生鱼片。

保存：冷藏可保存5天。

烹饪提示：芥末的用量因人而异。

推荐菜例

芙蓉生鱼片

滋补健胃，利水消肿

原材料 生鱼400克，鸡蛋清100克，清汤350毫升

调味料 盐4克，味精2克，淀粉10克，芥末葱花酱适量

做法

1. 将生鱼洗净，切成片；将淀粉加水调匀成浆；将生鱼片挂浆备用。
2. 将鸡蛋清加入盐、味精，冲入适量清汤搅匀，上笼蒸熟。
3. 将切好的鱼片放入蒸熟的鸡蛋汤中，再淋上芥末葱花酱即成。

蒜蓉抹酱

原材料 大蒜15克，番茄20克，香菜8克

调味料 黄油35克

做法

1. 将番茄入开水稍烫，冲冷水，去皮切粒；将大蒜、香菜洗净，切末。
2. 将番茄、蒜末、香菜末、打发的黄油一起搅拌均匀即可。

应用： 用于蘸食面包或者做沙拉。
保存： 室温下可保存2天，冷藏可保存8天。
烹饪提示： 如果用奶油代替黄油做酱，味道也一样好。

推荐菜例

蒜香烤茄子

降压降脂，延缓衰老

原材料 茄子300克，大蒜10克

调味料 盐、红油、蒜蓉抹酱各适量

做法

1. 将大蒜洗净，剁成碎末。
2. 将茄子切去蒂，洗净后对半切开。
3. 将蒜末和盐均匀地撒到茄子的切面上，再用毛刷均匀地刷上一层红油。
4. 将茄子装盘，送入烤箱，以低火烤约5分钟至熟，再配以蒜蓉抹酱食用。

芝麻煎饼蘸酱

原材料 葱10克，大蒜15克，熟芝麻20克

调味料 白醋、辣酱、糖各适量

做法

1. 将葱、大蒜洗净，分别切成末。
2. 将所有的原材料和调味料一起混合均匀即可。

应用： 用于蘸食肉类、煎饼等食物。

保存： 室温下可保存2天，冷藏可保存15天。

烹饪提示： 此酱酸辣的口感适合各种食材，能开胃健脾。

推荐菜例

水蒸鸡

温中补脾，益气养血

原材料 鸡500克，海马150克，红枣20克，枸杞子50克

调味料 白糖10克，鸡精、盐各3克，芝麻煎饼蘸酱、油各适量

做法

1. 将鸡洗净，沥干水分。
2. 先用盐擦匀鸡身内外，再用油擦匀鸡身，在鸡腹内放入海马、红枣、枸杞子及蘸酱以外的其他调味料。
3. 将鸡放入蒸炉，用猛火蒸25分钟至熟，取出，斩件装盘，淋上原味的鸡汁，配以芝麻煎饼蘸酱食用即可。

柠檬蜂蜜蘸酱

原材料 柠檬15克

调味料 柠檬汁55毫升，蜂蜜、盐、胡椒粒各适量

做法

1. 将柠檬洗净，取肉。
2. 将所有的原材料和调味料一起搅拌均匀即可。

应用： 用于蘸食肉类、海鲜等。

保存： 室温下可保存3天，冷藏可保存15天。

烹饪提示： 柠檬汁应选用新鲜柠檬汁为佳。

推荐菜例

椒盐小排

滋阴壮阳，益精补血

原材料 猪小排500克，鸡蛋3个，干辣椒20克，葱、姜各适量

调味料 盐、鸡精、料酒、嫩肉粉、淀粉、椒盐、麻油、油、胡椒粉各适量，柠檬蜂蜜蘸酱适量

做法

1. 将猪小排斩成6厘米长的段，洗净，用盐、鸡精、料酒、嫩肉粉、淀粉、蛋液腌渍，上浆备用。
2. 炒锅置火上，下油烧至五成热，放入猪小排炸至金黄色，捞出沥油。
3. 将猪小排重入炒锅，放入葱、姜、干辣椒、胡椒粉，撒上椒盐，炒匀，淋上麻油，配以柠檬蜂蜜蘸酱食用。

柠檬酸醋酱

原材料 洋葱、大蒜、辣椒、香菜末、葱各适量

调味料 醋、柠檬汁、糖、盐、麻油各少许

做法

1. 将洋葱洗净切末；将大蒜去皮切碎；将辣椒、葱洗净切末。
2. 将原材料和调味料混合加水搅匀即可。

应用：适用于蘸食海鲜及肉类。

保存：室温下可保存3天，冷藏可保存10天。

烹饪提示：柠檬汁既能提升酸味，也可增加果香，依个人喜好决定用量。

推荐菜例

雪菜蒸黄鱼

益气填精，延缓衰老

原材料 大黄鱼1条，雪菜100克，姜、葱各10克

调味料 盐2克，味精2克，料酒10毫升，柠檬酸醋酱适量

做法

1. 将大黄鱼洗净，装入盘中；将葱，姜分别洗净切丝；将雪菜洗净切碎。
2. 将雪菜、盐、味精、料酒、葱丝、姜丝放在鱼身上，入蒸锅内蒸8分钟取出，配以柠檬酸醋酱食用即可。

大黄鱼

盐

酸辣番茄蘸酱

原材料 大蒜、辣椒各15克，米粉30克

调味料 番茄酱、白醋、盐各适量

做法

1. 将大蒜、辣椒洗净，分别切成末。
2. 锅置火上，放入除米粉外的原材料和调味料，搅拌均匀，以小火加热至沸腾，最后用米粉水勾芡即可。

应用：用于蘸食海鲜、蔬菜等。

保存：室温下可保存2天，冷藏可保存14天。

烹饪提示：米粉水可用水淀粉代替。

推荐菜例

蛋包鳕鱼柳

活血化淤，降低血糖

原材料 鳕鱼100克，鸡蛋1个

调味料 淀粉少许，盐3克，味精3克，酸辣番茄蘸酱、花生油各适量

做法

1. 将鳕鱼去鳞、内脏并清洗干净，将鱼肉切成均匀的小段。
2. 将鸡蛋打入碗中以后，依次加入淀粉、盐、味精，搅拌均匀成糊，再把鱼肉放入糊中。
3. 锅内烧热花生油，将挂了糊的鱼肉煎熟，配以酸辣番茄蘸酱食用即可。

缅式辣蘸酱

原材料 辣椒、大蒜各20克

调味料 酱油、鱼露、醋各适量

做法

1. 将原材料洗净、切片。
2. 把所有原材料与调味料一起搅拌均匀即可。

应用： 用于蘸食肉类、海鲜等食物。

保存： 室温下可以保存2天，冷藏可以保存5天。

烹饪提示： 若选择使用东南亚的鱼露，味道会比较重。

推荐菜例

姜葱鳜鱼

补养五脏，益脾温胃

原材料 鳜鱼1条，姜60克，葱20克，鸡汤60毫升

调味料 盐3克，味精3克，白糖5克，缅式辣蘸酱、油各适量

做法

1. 将鳜鱼洗净；将姜去皮洗净，切末；将葱洗净切葱花。
2. 锅中注适量水，待水沸时放入鳜鱼煮至熟，捞出沥水装盘。
3. 锅中加油烧热，爆香姜末、葱花，调入鸡汤、盐、味精、白糖，煮开，淋在鱼身上，配以缅式辣蘸酱食用。

洋葱甜辣蘸酱

原材料 大蒜、洋葱各适量

调味料 糖8克，黑胡椒粉6克，酱油6毫升，橄榄油15毫升，辣椒酱、甜辣酱、芥末、乌醋各适量

做法

1. 将大蒜去皮，切成末；将洋葱洗净，切成末。
2. 将原材料和调味料一起混匀即可。

应用：用作肉类及海鲜的烤肉蘸酱。

保存：室温下可以保存1天，冷藏可以保存9天。

烹饪提示：乌醋可用白醋替代。

推荐菜例

香芋银鱼

补脾益胃，补气润肺

原材料 银鱼干400克，香芋150克，干辣椒、葱、姜各适量

调味料 盐、椒盐粉、料酒、淀粉、花生油各适量，洋葱甜辣蘸酱适量

做法

1. 将银鱼干泡发，洗净，加盐和料酒腌渍入味，拍淀粉备用。
2. 将香芋去皮切丝，焯熟，捞出拍淀粉，入油锅炸酥。
3. 起油锅烧热，放入葱、姜和干辣椒爆香，加入银鱼和香芋丝炒均匀，起锅装盘，食用时配以椒盐粉、洋葱甜辣蘸酱上桌。

鱼露甜蘸酱

原材料 香茅10克，柠檬叶15克

调味料 酱油、糖、鱼露各适量

做法

1. 将香茅、柠檬叶洗净，分别剁碎。
2. 将所有的原材料和调味料一起混合均匀即可。

应用： 用于蘸食海鲜。

保存： 室温下可保存3天，冷藏可保存15天。

烹饪提示： 可用柠檬汁代替柠檬叶。

推荐菜例

丝瓜清蒸鲈鱼

健脾益肾，补气补血

原材料 鲈鱼1条，丝瓜150克，桃仁8克，红花8克，当归8克，嫩姜丝10克

调味料 盐3克，米酒6毫升，鱼露甜蘸酱、油各适量

做法

1. 将全部药材与清水300毫升置入锅中，以小火加热至沸腾，约1分钟后关火，滤取药汁备用。
2. 将鲈鱼洗净后两面划两条斜线，抹上盐和油略腌5分钟；将丝瓜去皮切圆片，铺于盘底，将鲈鱼放在丝瓜上。
3. 放入嫩姜丝、米酒和药汁，入蒸锅，蒸12分钟取出，配以鱼露甜蘸酱食用。

酸番茄蘸酱

调味料 番茄酱30克，浙醋、香醋、喼汁各30毫升，糖40克，鲜味露15毫升

做法

1. 将上述调味料依次放入碗内。
2. 将它们混合搅拌均匀即可。

应用： 用于蘸食各类油炸食物。
保存： 室温下可保存3天，冷藏可保存25天。
烹饪提示： 喼汁是一种广式调味料，属于水果醋，在超市可以购买到，也可用米醋代替。

推荐菜例

煎饺

补虚强身，滋阴润燥

原材料 饺子皮5个，猪肉30克，洋葱1个，包菜30克，韭菜50克，大蒜6瓣
调味料 盐3克，蚝油5毫升，麻油5毫升，生抽5毫升，酸番茄蘸酱、油各适量

做法

1. 将猪肉、大蒜、洋葱、包菜、韭菜洗净剁成泥，搅拌均匀。
2. 加入盐、蚝油、麻油、生抽一起搅拌均匀制成馅，包在饺子皮内。
3. 煎锅内放油烧热，放入已经包好的饺子煎至金黄色熟透，配以酸番茄蘸酱食用即可。

烧烤蘸酱

原材料 葱20克

调味料 麻油25毫升，胡椒粉、盐各5克

做法

1. 将葱洗净，切成末。
2. 将葱末与调味料一起混合均匀即可。

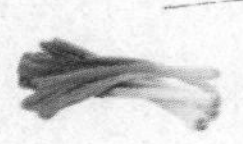

葱

盐

应用： 用于蘸食肉类、海鲜等。

保存： 室温下可保存2天，冷藏可保存15天。

烹饪提示： 最后加麻油更易拌匀。

推荐菜例

芹菜蒸黄花鱼

健脾益胃，益气填精

原材料 腌黄花鱼1条，芹菜末150克，菜心100克，干辣椒适量

调味料 花生油、味精各适量，盐3克，烧烤蘸酱适量

做法

1. 将腌黄花鱼剖成两半，改刀装盘，在鱼身上撒上芹菜末，上笼蒸熟取出。
2. 将菜心洗净，入锅加花生油、盐和味精炒熟，摆入盘中围边。
3. 将干辣椒切段，撒在蒸好的黄花鱼上，用热油浇一下，配以烧烤蘸酱食用即可。

红枣抹酱

原材料 桂圆肉30克，红枣10克

调味料 米酒20毫升，姜汁20毫升，麦芽糖15克

做法

1. 将红枣去子；将桂圆肉洗净，加入水、米酒、姜汁及麦芽糖。
2. 上火煮沸以后，再以小火慢煮至黏稠即可。

应用：可搭配各种蔬菜料理食用。
保存：冷藏可保存3天。
烹饪提示：桂圆肉很容易变质，须现用现剥。

推荐菜例

菲拿须奶油蛋糕

润肺平喘，养血润肤

原材料 蛋清100克，香草精少许，低筋面粉20克，高筋面粉20克，杏仁粉40克，无盐奶油100克

调味料 糖85克，红枣抹酱适量

做法

1. 将蛋清加入糖和香草精拌匀，打发至中性偏干起发；将高筋面粉和低筋面粉过筛后，加入其中拌匀。
2. 再加入过筛的杏仁粉拌匀。将无盐奶油煮成焦色并融化，再降至常温，加入以上拌匀的糊中。
3. 倒入封好锡纸的模具中抹平。放入180℃的烤炉中，烤约30分钟取出，配以红枣抹酱食用即可。

萝卜泥蘸酱

原材料 白萝卜80克，姜15克，香菜8克

调味料 味啉12毫升，辣椒粉10克，香菇酱油8毫升

做法

1. 将香菜、姜洗净，切末；将白萝卜洗净，去皮，剁泥。
2. 将原材料和调味料搅拌均匀即可。

应用： 用于蘸食肉类食物。

保存： 室温下可保存1天，冷藏可保存10天。

烹饪提示： 若嫌剁萝卜泥麻烦，可以用搅拌机将其打碎成泥。

推荐菜例

生菜滑牛肉

补中益气，滋养脾胃

原材料 牛肉250克，生菜半棵

调味料 盐5克，白糖4克，麻油20毫升，萝卜泥蘸酱适量

做法

1. 将牛肉洗净，切成薄片，备用。
2. 将生菜一片一片地掰开洗净。
3. 将水煮滚，分别放入生菜及牛肉焯烫、汆熟后捞出，趁热将萝卜泥蘸酱除外的调味料放入，拌匀配以萝卜泥蘸酱食用即可。

牛肉

生菜

蓝莓抹酱

原材料 新鲜蓝莓50克，果胶8克

调味料 白糖10克

做法

1. 将原材料和调味料放入果汁机中。
2. 搅打至均匀即可。

应用：用于蘸食各种点心。

保存：室温下可以保存3小时，冷藏可以保存4天。

烹饪提示：用蜂蜜代替白糖，酱的味道更鲜美。

推荐菜例

蓝莓核桃蛋糕

降低血脂，补血润肺

原材料 酥油、糖粉、鸡蛋、低筋面粉、玉米粉、泡打粉、奶香粉、核桃、牛奶、蓝莓酱各适量

调味料 蓝莓抹酱、油各适量

做法

1. 将酥油与糖粉混合打发至发白蓬松。加鸡蛋液、低筋面粉、玉米粉、泡打粉、奶香粉拌匀。最后加牛奶拌匀。
2. 再将核桃拌入成馅。
3. 在模具上抹上油，倒入馅料约至八分满，中间放入蓝莓酱。
4. 将基本成型的蛋糕坯放入180℃的烤炉，烤25分钟左右，至表面金黄出炉冷却，配以蓝莓抹酱食用即可。

核桃沙拉酱

原材料 核桃10克，葡萄干10克

调味料 糖粉10克，朗姆酒20毫升，蛋黄酱45克

做法

1. 将上述原材料与调味料放入碗内。
2. 将它们混合搅拌均匀即可。

应用： 主要作为面包抹酱使用。

保存： 室温下可保存2天，冷藏可保存20天。

烹饪提示： 放入其他坚果也可以。

芥末籽抹酱

原材料 芥末籽10克

调味料 黄油40克

做法

1. 将黄油打发。
2. 与芥末籽一起搅拌均匀即可。

应用： 作为面包或者糕点抹酱使用。

保存： 室温下可保存2天，冷藏可保存12天。

烹饪提示： 此酱也可以加入糖来缓冲芥末籽的辣味。

葱姜蘸酱

原材料 大蒜、姜、葱各适量

调味料 盐3克，鸡油适量

做法

1. 将大蒜去皮洗净切末；将姜洗净切末；将葱洗净切葱花。
2. 将鸡油烧热，入蒜、姜炒香，调入盐拌匀，撒上葱花即可。

应用： 可用于蘸食物肉类食物。

保存： 室温下可保存3天，冷藏可保存15天。

烹饪提示： 如果没有鸡油，可用色拉油代替。

椒麻酱

调味料 辣椒粉50克，鱼露15毫升，花椒辣油8毫升，胡椒粉40克，花椒粉20克

做法

1. 将上述调味料依次放入碗内。
2. 将它们混合搅拌均匀即可。

应用： 用于蘸食肉类、海鲜等食物。

保存： 室温下可保存2天，冷藏可保存30天。

烹饪提示： 用此酱腌渍食物时至少要20分钟才会入味。

乌梅蘸酱

原材料 乌梅汁25毫升，话梅1颗

调味料 白兰地酒10毫升，糖10克，白醋15毫升

做法

1. 锅置火上，依次加入原材料和调味料。
2. 将汁烧开，搅拌均匀即可。

应用：用于蘸食油炸类食物。

保存：室温下可保存3天，冷藏可保存15天。

烹饪提示：白兰地酒可以用其他的酒代替。

豆瓣蘸酱

原材料 香菜20克

调味料 白糖5克，海山酱、辣豆瓣酱、酱油膏各12克

做法

1. 将香菜洗净，切碎。
2. 将白糖、海山酱、辣豆瓣酱、酱油膏加冷开水调匀，再放香菜拌匀即可。

应用：可作为面食、点心类的蘸酱。

保存：室温下可保存1天，冷藏可保存12天。

烹饪提示：香菜切得越细，香味就会越浓郁。

番茄沙拉酱

原材料 西芹、香芹、番茄各15克

调味料 蛋黄酱45克，盐3克，胡椒粉15克

做法

1. 将西芹、香芹、番茄洗净，切碎。
2. 再与调味料混合均匀即可。

应用： 主要作为面包抹酱使用。

保存： 室温下可保存1天，冷藏可保存18天。

烹饪提示： 将番茄去皮、去籽后再使用，酱汁口感会较好。

芥末沙拉酱

调味料 黄芥末25克，蛋黄酱50克，柠檬汁4毫升

做法

1. 将所有调味料放入果汁机中。
2. 搅打至均匀即可。

蛋黄酱

柠檬汁

应用： 用于蘸食各式面包及牛肉。

保存： 室温下可以保存5小时，冷藏可保存3天。

萝卜炸鸡蘸酱

原材料 胡萝卜汁30毫升

调味料 盐、味精各3克，糖5克，红醋、番茄酱各适量

做法

1. 将上述原材料与调味料依次放碗里。
2. 将它们混合搅拌均匀即可。

应用： 可用于蘸食各类油炸食物。

保存： 室温下可保存3天，冷藏可保存15天。

烹饪提示： 胡萝卜汁可以用胡萝卜来代替。

口味蘸酱

原材料 香菜、葱各12克

调味料 糖8克，盐4克，陈醋、酱油、麻油、葱油各适量

做法

1. 将香菜洗净，切成末；将葱洗净，切成段。
2. 将香菜、葱一同拌，再调入糖、盐、陈醋、酱油、麻油、葱油拌匀即可。

应用： 可用于蘸食肉类等。

保存： 室温下可保存1天，冷藏可保存12天。

烹饪提示： 酱油可用生抽代替。

蘑菇沙拉酱

原材料 蘑菇、洋葱各25克

调味料 蛋黄酱50克，盐3克，胡椒粉10克，油适量

做法

1. 将洋葱洗净，切碎；将蘑菇洗净，切丁；油锅烧热，放入洋葱、蘑菇丁炒香，再放盐和胡椒粉调味，放凉。
2. 再将蛋黄酱加入其中混合拌匀即可。

应用：主要作为面包抹酱使用。

保存：室温下可保存2天，冷藏可保存20天。

烹饪提示：胡椒粉就是白胡椒粉。

柠檬沙拉酱

调味料 蛋黄酱40克，柠檬汁25毫升，盐3克，胡椒粉、糖粉各10克

做法

1. 将上述调味料依次放碗里。
2. 将它们混合搅拌均匀即可。

应用：主要作为面包抹酱使用。

保存：室温下可保存2天，冷藏可保存15天。

烹饪提示：加了柠檬汁会使酱汁有股淡淡的香味。

朗姆酒抹酱

原材料 奶油50克

调味料 朗姆酒15毫升，盐少许

做法

1. 将上述原材料与调味料依次放碗里。
2. 将它们混合搅拌均匀即可。

奶油

盐

应用：用于蘸食各式点心。

保存：室温下可保存4小时，冷藏可保存2天。

烹饪提示：搅打时一定要细致，这样口感才会好。

鲔鱼沙拉酱

原材料 香芹、酸黄瓜、鲔鱼罐头、洋葱各适量，起司10克

调味料 盐3克，白胡椒粉15克，蛋黄酱50克，黑胡椒粉10克

做法

1. 香芹、洋葱、酸黄瓜洗净，切碎。
2. 与剩余原材料和调味料一起放入调理机打成泥即可。

应用：可作为面包抹酱使用。

保存：室温下可保存2天，冷藏可保存15天。

烹饪提示：使用鲔鱼罐头时，最好先沥干其油脂。

鱼松抹酱

原材料 鱼松20克

调味料 花生酱35克

做法

1. 将花生酱和鱼松放入碗中。
2. 将它们搅拌拌匀即可。

应用： 适用于蘸食肉类、海鲜等。

保存： 冷藏可保存5天。

烹饪提示： 可按个人喜好，选择多种类型的鱼松。

鱼露甜醋蘸酱

原材料 蒜酥、油葱酥各适量

调味料 糖6克，白醋8毫升，鱼露、酱油各适量

做法

1. 将糖、蒜酥、油葱酥、鱼露、白醋和酱油依次放入碗中。
2. 然后再加入冷开水，调和均匀即可。

应用： 用于蘸食油炸类海鲜。

保存： 室温下可保存2天，冷藏可保存8天。

烹饪提示： 油葱酥可以直接用红葱头末代替。

柠檬鱼露蘸酱

原材料 柠檬皮适量

调味料 柠檬汁100毫升，糖、鱼露、水淀粉各适量

做法

1. 将柠檬皮洗净，切丝。
2. 锅置火上，放入除水淀粉外的原材料和调味料，以中火加热至开，然后以水淀粉勾芡即可。

应用： 用于蘸食海鲜、肉类食物等。

保存： 室温下可以保存2天，冷藏可以保存5天。

烹饪提示： 选用刚榨的新鲜柠檬汁。

味啉烧蘸酱

调味料 味啉60毫升，清酒50毫升，生抽10毫升，糖20克

做法

1. 以大火将清酒加热，使酒精挥发掉。
2. 在清酒中加其他调味料，以小火烧开即可。

应用： 用于蘸食火锅肉片。

保存： 室温下可保存3天，冷藏可保存14天，冷冻可保存30天。

烹饪提示： 如果用酱油膏代替生抽，可以增加酱的浓稠度。

甜面洋葱蘸酱

原材料 洋葱适量

调味料 甜面酱40克，麻油、糖、油各适量

做法

1. 将洋葱洗净，切丝。
2. 油锅烧热，入洋葱、甜面酱炒香，调入糖、适量清水拌匀，淋入麻油。

应用： 可用于蘸食肉类食物。

保存： 室温下可保存3天，冷藏可保存15天。

烹饪提示： 甜面酱炒过会更香。

南乳蘸酱

调味料 韭菜酱、南乳酱各20克，花生酱15克，芝麻酱10克，盐2克

做法

1. 将上述调味料依次放碗里。
2. 将它们混合搅拌均匀即可。

应用： 适用于蘸食各种肉类食物。

保存： 室温下可保存1天，冷藏可保存11天。

烹饪提示： 韭菜酱可用韭菜碎代替。

洋葱红椒蘸酱

原材料 大蒜、红椒、洋葱各15克

调味料 盐、胡椒粉、油、白醋各适量

做法

1. 将大蒜去皮洗净，切末；将红椒、洋葱均洗净，切末。
2. 油锅烧热，放入大蒜、红椒、洋葱炒香，调入盐、胡椒粉、白醋搅拌均匀即可。

应用：用于蘸食肉类、海鲜等。

保存：室温下可保存2天，冷藏可保存15天。

烹饪提示：可根据个人口味加点白酒，味道会更香。

韭菜蘸酱

原材料 韭菜花适量

调味料 盐2克，味精、油各适量

做法

1. 将韭菜花洗净，剁成泥。
2. 油锅烧热，放入韭菜花泥稍炒，调入盐、味精炒匀即可。

应用：用于蘸食肉类、海鲜等。

保存：室温下可保存2天，冷藏可保存15天。

烹饪提示：韭菜花要充分剁碎，做出来的酱的效果才好。

花生蘸酱

原材料 大蒜20克，芝麻3克

调味料 花生酱30克，酱油12毫升，花椒粉5克，醋、红油、糖各适量

做法

1. 将大蒜洗净，切末。
2. 将原材料与调味料混合，搅匀即可。

应用： 用于蘸食白灼鸡肉等。

保存： 室温下可保存3天，冷藏可保存30天。

烹饪提示： 用胡椒粉代替花椒粉做酱，味道也一样鲜美。

桂皮蒜蘸酱

原材料 大蒜、葱各15克

调味料 盐3克，白醋10毫升，八角、桂皮各适量

做法

1. 将大蒜去皮洗净切成末；将葱洗净切成段。
2. 锅中注水烧开，放盐、白醋、大蒜、八角、桂皮同煮，撒葱段拌匀即可。

应用： 用于蘸食肉类、卤菜类食物。

保存： 室温下可保存2天，冷藏可保存13天。

烹饪提示： 八角、桂皮的用量不要过多，否则会影响酱料的味道。

番茄梅子蘸酱

原材料 乌梅15克

调味料 番茄汁20毫升，糖5克，盐2克，淀粉适量

做法

1. 将乌梅清洗干净。
2. 将原材料与调味料混合拌匀即可。

应用： 用于蘸食肉类、海鲜类食物。

保存： 室温下可保存2天，冷藏可保存10天。

烹饪提示： 番茄汁也可以用番茄酱来代替。

大蒜芥末蘸酱

原材料 大蒜50克，洋葱30克

调味料 芥末10克，蚝油10毫升，糖10克，酱油膏50克

做法

1. 将洋葱洗净切碎；将大蒜去皮洗净切成末。
2. 将洋葱、蒜末同拌，加入芥末、蚝油、糖、酱油膏一同拌匀即可。

应用： 可用于蘸食海鲜类菜肴。

保存： 室温下可保存3天，冷藏可保存25天。

烹饪提示： 也可用纯酿造酱油代替酱油膏，味道同样好。

蛋黄辣酱

原材料 鸡蛋1个

调味料 辣椒粉5克，糖8克，味啉6毫升，白醋8毫升

做法

1. 将鸡蛋壳磕破，取蛋黄备用。
2. 将上述原材料与调味料依次放碗里，混合搅拌均匀即可。

应用： 可以用作水煮海鲜以及蔬菜的蘸酱。

保存： 室温下可保存8小时，冷藏可保存1天。

烹饪提示： 若在此酱中加入些柠檬汁，味道也不错。

大蒜甜辣酱

原材料 大蒜、葱、辣椒各适量

调味料 鱼露40毫升，糖20克，水淀粉、柠檬汁各适量

做法

1. 将大蒜、葱、辣椒洗净，均切成末。
2. 加热所有除水淀粉外的原材料和调味料，最后用水淀粉勾芡即可。

应用： 用于佐食肉类、蔬菜等食物。

保存： 室温下可以保存2天，冷藏可以保存5天。

烹饪提示： 应选用新鲜的柠檬汁。

火锅蘸酱

原材料 辣椒10克，大蒜20克，辣豆腐乳1块

调味料 糖、醋、泰式辣椒酱各适量

做法

1. 将辣椒洗净切末；将大蒜洗净剁泥。
2. 将所有原材料和调味料一起混合搅拌均匀即可。

应用：用于蘸食肉类、蔬菜等。
保存：室温下可以保存2天，冷藏可以保存5天。
烹饪提示：如果不喜欢太辣的口味，可以用甜豆腐乳代替辣豆腐乳。

藤黄蘸酱

调味料 酱油15毫升，胡椒粉10克，藤黄果汁20毫升，糖25克

做法

1. 将所有调味料依次放碗里。
2. 将它们混合搅拌均匀即可。

应用：用于蘸食海鲜、蔬菜等食物。
保存：室温下可保存2天，冷藏可保存30天。
烹饪提示：可用蜂蜜代替糖来做酱。

油淋肉蘸酱

原材料 香菜、姜、葱、红椒各15克

调味料 盐3克，油适量

做法

1. 将姜、红椒均洗净，切丝；将葱洗净，切葱花；将香菜洗净，切末。
2. 油锅烧热，入姜丝、红椒丝炒香，加入香菜末、葱花拌匀，调入盐即可。

应用：可用于蘸食肉类食物。

保存：室温下可保存2天，冷藏可保存15天。

烹饪提示：葱在食用时再加入，味道会更好。

炸鸡块酸甜蘸酱

原材料 糖浆、葱各15克，米粉适量

调味料 盐2克，白醋20毫升，糖、大蒜粉、洋葱粉、酱油各适量

做法

1. 将葱洗净，切葱花。
2. 锅置火上，注水烧开，加入白醋、糖浆、盐、糖、米粉、大蒜粉、洋葱粉、酱油、葱花一同拌匀即可。

应用：可用于蘸食油炸类食物。

保存：室温下可保存3天，冷藏可保存19天。

烹饪提示：做此酱时要拌均匀。

海山辣椒酱

调味料 辣椒酱、海山酱各15克，味噌20克，醋20毫升，红油10毫升

做法

1. 将所有调味料一起混合均匀。
2. 用小火熬煮入味即可。

应用：用于佐食肉类食物。
保存：室温下可保存2天，冷藏可保存15天。
烹饪提示：使用此酱以前最好先将其拌匀。

腐乳辣椒蘸酱

原材料 香菜15克，豆腐乳汁液、麻油豆腐乳各适量
调味料 糖5克，辣椒酱适量

做法

1. 将香菜洗净，切末。
2. 将豆腐乳汁液、麻油豆腐乳、辣椒酱混合，调入糖拌匀，撒香菜末即可。

应用：可作为烤肉酱或蘸酱。
保存：室温下可保存2天，冷藏可保存13天。
烹饪提示：麻油豆腐乳用前要捣碎。

东南亚咖喱酱

原材料 干辣椒、柠檬皮、香菜、南姜、香茅各适量

调味料 虾酱9克，盐3克，胡椒粒、茴香各少许

做法

1. 将干辣椒去籽，泡水15分钟；将香菜洗净切碎；将南姜、香茅洗净切片。
2. 将原材料和调味料放入果汁机中搅碎即可。

应用： 用于蘸食肉类、海鲜、蔬菜。
保存： 室温下可保存2天，冷藏可保存14天。
烹饪提示： 南姜的质地较硬，在超市可以购买到。

饺子辣蘸酱

原材料 红辣椒10克，大蒜15克

调味料 酱油12毫升，白醋8毫升，麻油5毫升，乌醋4毫升

做法

1. 将红辣椒洗净，切成段；将大蒜洗净，切成末。
2. 将红辣椒、蒜末混合，调入酱油、白醋、乌醋、麻油拌匀即可。

应用： 主要作为面包抹酱使用。
保存： 室温下可保存2天，冷藏可保存15天。
烹饪提示： 若加入柠檬汁可使酱汁有股淡淡的香味。

蒜味拌酱

原材料 蒜末适量

调味料 糖5克，胡麻油、酱油、蒜末、酱油膏各适量

做法

1. 将上述所有原材料与调味料依次放入碗里。
2. 将它们混合搅拌均匀即可。

应用： 可用于蘸食肉类食物。

保存： 室温下可保存3天，冷藏可保存17天。

烹饪提示： 可用花生油代替胡麻油，但花生油的营养没有胡麻油高。

甜鸡酱

原材料 辣椒、大蒜各15克

调味料 白醋10毫升，糖30克，盐10克

做法

1. 将大蒜、辣椒洗净，分别切成末。
2. 锅置火上，放入除白醋以外的原材料和调味料，加水后以小火加热，最后用白醋拌匀即可。

应用： 用于蘸食肉类、海鲜或蔬菜。

保存： 室温下可保存2天，冷藏可保存15天。

烹饪提示： 白醋的作用是勾芡。

第二章

味蕾喜欢的美味腌拌酱

腌拌酱融汇了酱、腌、拌、泡技法，依据取材容易、制作简便、营养合理的原则来选取各种菜品进行制作而成，深受欢迎。

除了配菜之外，也可用于各种各样的拌饭或者拌面，操作方便又极具诱惑。

香菇蚝油拌酱

原材料 香菇、茶树菇各20克，姜10克

调味料 麻油、蚝油、香菇粉、胡椒粉、油各适量

做法

1. 将香菇、茶树菇、姜分别洗净，将姜切成片。
2. 油锅烧热，入香菇、茶树菇、姜片同炒，调入蚝油、香菇粉、胡椒粉、麻油拌炒匀即可。

应用：适合用来拌食青菜、面条、饭类食物。

保存：室温下可保存2天，冷藏可保存12天。

烹饪提示：步骤2拌炒时宜用小火。

推荐菜例

香菇竹笋清汤面

改善贫血，增强免疫力

原材料 面条250克，香菇、竹笋、瘦肉各30克，鲜汤40毫升，蒜末、姜、葱、香菜各少许

调味料 红油5毫升，香菇蚝油拌酱适量

做法

1. 将竹笋、香菇、瘦肉切丝；将姜、葱切末；将姜末、葱末、蒜末、红油调和成味料。
2. 锅置火上，下入竹笋、香菇、瘦肉炒香，加鲜汤煮熟。
3. 锅烧开水，下入面条煮熟，捞出盛入碗中，放入香菇、竹笋、瘦肉、香菇蚝油拌酱、香菜及调好的味料拌匀即可。

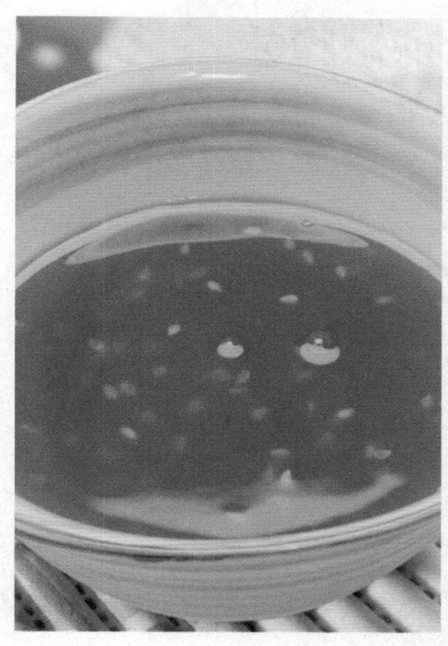

芝麻包鸡腌酱

原材料 熟芝麻8克

调味料 椰糖、盐、藤黄果汁、油、黑酱油各适量

做法

1. 油锅烧热，放入所有调味料，混合均匀加水。
2. 再用大火煮开，撒上熟芝麻即可。

应用： 用于腌渍肉类食物。

保存： 室温下可保存2天，冷藏可保存14天。

烹饪提示： 芝麻最好是用烤香的。

推荐菜例

山椒红酒鸡

温中补脾，益气养血

原材料 净仔鸡500克，泡椒100克，野山椒100克，西芹100克，红酒、鲜汤各适量

调味料 料酒、酱油、盐、油、鸡精各适量，芝麻包鸡腌酱适量

做法

1. 将野山椒洗净；将泡椒切段；将西芹洗净，切段；将仔鸡剁成块，加盐、料酒、芝麻包鸡腌酱码味备用。
2. 起油锅烧热，放鸡块炸至外酥内软，捞出控油。
3. 将油烧热，放入泡椒和野山椒炒香，下鸡块炒至上色，掺入红酒，加酱油、鸡精，再投入西芹炒匀即可。

辣椒腌酱

原材料 泡青椒、泡红椒各15克

调味料 冰糖30克，盐10克，白醋适量

做法

1. 将原材料与调味料混合。
2. 然后置火上煮开即可。

应用：用于腌渍蔬菜类食物。

保存：室温下可保存10天，冷藏可保存40天。

烹饪提示：此酱中的白醋也可以用白酒代替。

推荐菜例

泡青笋

清热利尿，活血通乳

原材料 青笋500克，大蒜10克

调味料 红油10毫升，辣椒腌酱适量

做法

1. 将青笋去皮洗净切段，每段中间划一刀后切薄片；将大蒜去皮剁蓉。
2. 将笋片放入碗中，加入辣椒腌酱、蒜蓉，拌匀腌2分钟。
3. 将腌好的笋片两端从中间的刀缝中穿出，折成麻花形，然后摆盘淋上红油即可。

青笋

大蒜

香菇素拌酱

原材料 素高汤160毫升，香菇梗80克

调味料 酱油膏、冰糖、酱油、蚝油、五香粉、油各适量

做法

1. 将香菇梗洗净，切碎。
2. 油锅烧热，放入香菇梗碎炒香，调入酱油膏、冰糖、酱油、蚝油、五香粉拌匀，注入素高汤烧开即可。

应用：用于拌食蔬菜、面食等。

保存：室温下可保存5天，冷藏可保存20天。

烹饪提示：加入芝麻，香味更浓郁。

推荐菜例

什锦拌面

补益精气，养血滋阴

原材料 墨鱼130克，剑虾、黑木耳、旗鱼、杏鲍菇、甜豆、香菇、油面、姜片、葱段各适量

调味料 醋5毫升，酱油3毫升，香菇素拌酱适量

做法

1. 将墨鱼洗净，在两面划交叉斜线，切成片状；将剑虾剥壳去泥肠，洗净备用；将黑木耳及菇类切片；将油面过水焯烫，捞起备用。
2. 锅内加水煮开，加葱段、姜片、黑木耳及菇类后煮滚，加入旗鱼、墨鱼及剑虾煮，加入甜豆、油面，煮滚后，加入醋、酱油，配以香菇素拌酱食用。

榨菜猪肉拌酱

原材料 榨菜40克，猪肉30克，蒜末8克

调味料 蚝油、海鲜酱、盐、酒、糖、油各适量

做法

1. 将猪肉洗净，切末。
2. 油锅烧热，入蒜末、榨菜、肉末炒香，调入蚝油、海鲜酱、盐、酒、糖与适量清水烧开即可。

应用：适用于拌面、拌饭等。

保存：室温下可保存1天，冷藏可保存10天。

烹饪提示：此酱在使用前可加入黄瓜丁来增加风味。

推荐菜例

虾爆鳝面

降低血糖，益气壮阳

原材料 面条100克，黄鳝1条，虾仁20克，大蒜粒、葱段、姜片各适量

调味料 盐、油、榨菜猪肉拌酱各适量

做法

1. 将黄鳝烫至八成熟，去骨（将鳝骨加水熬成鳝骨汤），切段，入油锅中稍炸后捞出；将虾仁汆水备用。
2. 锅中加油烧热，下大蒜粒、葱段、姜片爆香，加入盐、鳝骨汤煮沸，入黄鳝段，略煮后捞出，留汤备用。
3. 将黄鳝汤烧沸，下入面条、盐、榨菜猪肉拌酱煮沸，放入鳝段，撒上虾仁即可。

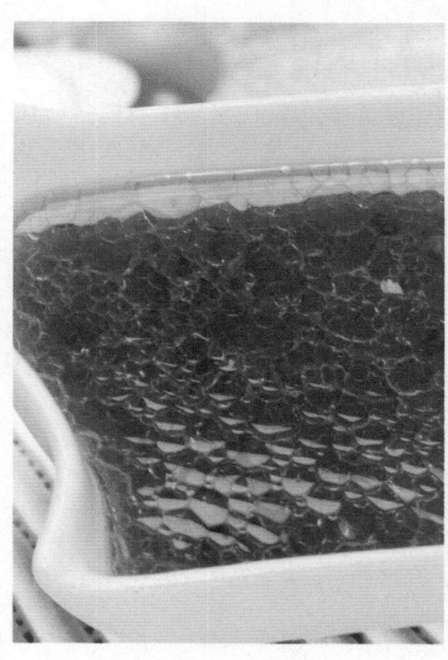

芝麻酱汁

原材料 小苏打10克，玉米粉15克，芝麻适量

调味料 盐、黑胡椒粉、生抽、糖、米酒各适量

做法

1. 将芝麻、盐、黑胡椒粉、生抽、小苏打、玉米粉、糖、米酒混合。
2. 搅拌均匀即可。

应用：用于腌渍肉类食物。

保存：室温下可保存3天，冷藏可保存25天。

烹饪提示：做酱时用白胡椒粉代替黑胡椒粉，味道也同样鲜美。

推荐菜例

酱爆鸡丁

益气养血，补肾益精

原材料 鸡脯肉400克，鸡蛋清适量

调味料 花生油、水淀粉、味精、白糖各适量，芝麻酱汁适量

做法

1. 将鸡脯肉切成方丁，用蛋清和水淀粉抓匀上浆。
2. 炒锅内加油，置大火上，烧至六成热时下入鸡丁滑开，待变成白色时，连油一起倒入漏勺内，控净油。
3. 炒锅内留底油，置于火上烧热，下入芝麻酱汁、白糖，炒至起泡、出香味时，加入鸡丁急速翻炒，待酱汁完全裹住鸡丁，呈金黄色时，加味精即可出锅。

鱼露泡菜酱

原材料 糯米糊50克，姜、大蒜各10克

调味料 鱼露8毫升，盐、糖、虾露、鸡精各适量

做法

1. 将姜、大蒜洗净，分别切碎。
2. 将原材料和调味料一起拌匀即可。

应用：用于腌渍蔬菜。

保存：室温下可保存3天，冷藏可保存14天。

烹饪提示：鱼露宜选择韩式鱼露，其口感清香。

推荐菜例

四川泡菜

增进食欲，增强免疫力

原材料 包菜200克，胡萝卜100克，老姜、辣椒各适量

调味料 盐、糖、白酒、味精、花椒、红油各适量，鱼露泡菜酱适量

做法

1. 将包菜和胡萝卜洗干净切好，晾干其表面的水分。
2. 锅内加清水烧开，放入盐、糖、白酒、味精、姜（去皮切片）、花椒、辣椒、鱼露泡菜酱等煮开，待其凉透后放入泡菜坛中。
3. 放入包菜和胡萝卜，密封腌7~10天即可。吃时可加入红油、白糖、味精拌匀后再食用。

凉面拌酱

原材料 大蒜5克

调味料 番茄酱20克，盐4克，辣椒水、胡椒粉各适量

做法

1. 将大蒜去皮洗净，切末。
2. 原材料与调味料混合拌匀即可。

应用：用来拌面或搭配蔬菜类食物。

保存：室温下可保存2天，冷藏可保存15天。

烹饪提示：可在酱汁中加入适量的柠檬汁，更清香可口。

推荐菜例

真味荞麦凉面

降压降糖，降低血脂

原材料 荞麦面150克，熟牛肉30克，胡萝卜30克，香干20克，花菜30克，卤汁适量

调味料 盐3克，淀粉、油、凉面拌酱各适量

做法

1. 将熟牛肉切片；将胡萝卜、香干均洗净切片；将花菜洗净切朵。
2. 锅中加油烧热，放入胡萝卜、香干、花菜炒香，加入卤汁、凉面拌酱烧开，调入盐，用淀粉勾芡。
3. 将荞麦面放入沸水中煮熟，捞出过冰水后装盘，摆上已炒好的原材料，放上熟牛肉即可。

川式麻辣泡菜酱

原材料 高粱酒40毫升，泡青椒、泡红椒各20克

调味料 盐10克，花椒粒12克，干辣椒粉20克

做法

1. 将原材料与调味料混合。
2. 加入冷开水充分搅匀即可。

应用： 用于腌渍各类蔬菜。

保存： 室温下可保存8天，冷藏可保存30天。

烹饪提示： 做泡菜时，将蔬菜用盐腌渍至脱水后再放入酱料密封即可。

推荐菜例

辣油拌双花

解毒护肝，防癌抗癌

原材料 花菜250克，西蓝花200克

调味料 醋5毫升，红油8毫升，味精1克，盐3克，川式麻辣泡菜酱适量

做法

1. 将花菜掰成小块，洗净后入沸水焯熟待用。
2. 将西蓝花掰成小块，洗净后入沸水焯熟待用。
3. 将红油、盐、醋、味精、川式麻辣泡菜酱放入碗内调成汁，浇在双花上，拌匀即可食用。

辣味拌面酱

原材料 苹果50克，大蒜15克，葱少许

调味料 辣酱100克，盐4克，麻油20毫升，酱油80毫升

做法

1. 将苹果洗净，剁成泥；将大蒜、葱洗净，切成末。
2. 将原材料和调味料一起混匀即可。

应用：用于拌饭、佐面。

保存：室温下可保存2天，冷藏可保存15天。

烹饪提示：加些姜汁，味道会更好。

推荐菜例

西安拌面

消除疲劳，增强免疫力

原材料 肉酱100克，胡萝卜1个，酱干丁30克，土豆1个，番茄1个，香菜、葱各适量

调味料 盐、油、胡椒粉、酱油各适量，辣味拌面酱适量

做法

1. 将葱洗净切葱花；将胡萝卜、土豆均洗净切成丁；将番茄洗净切成丁；将香菜洗净切段备用。
2. 将面煮熟，捞出沥干，装入碗中；将油锅烧热，放入肉酱、胡萝卜丁、酱干丁、土豆、番茄炒熟、炒匀。
3. 调入盐、胡椒粉、酱油、辣味拌面酱炒匀，倒在面上，撒上香菜、葱花。

酸辣黄瓜肉酱

原材料 猪肉、黄瓜各40克，大蒜10克

调味料 糖、蚝油、红辣椒酱、番茄酱、白醋、油各适量

做法

1. 将猪肉、大蒜洗净，切成末；将黄瓜切成片。
2. 油锅烧热，入蒜末炒香，入肉末、耗油、黄瓜片稍炒。
3. 调入糖、红辣椒酱、番茄酱、白醋拌匀即可。

应用：用于意大利面、干面淋酱。
保存：室温下可保存1天，冷藏可保存18天。
烹饪提示：番茄酱可用番茄代替。

推荐菜例

珍珠米圆

滋补健胃，清热解毒

原材料 猪瘦肉蓉、猪肥肉丁、糯米、荸荠丁、鱼肉蓉、葱花、姜末各适量

调味料 味精、盐、料酒、淀粉各适量，酸辣黄瓜肉酱适量

做法

1. 将原材料洗净；将猪瘦肉蓉和鱼肉蓉放入钵内，加入盐、味精、料酒、淀粉、葱花、姜末和清水拌匀，搅拌至发黏上劲，然后加入猪肥肉丁、荸荠丁、酸辣黄瓜肉酱拌匀待用。
2. 将肉蓉挤成肉丸，将肉丸放在糯米上滚动使其粘匀糯米，再逐个摆在蒸笼内，蒸15分钟取出即可。

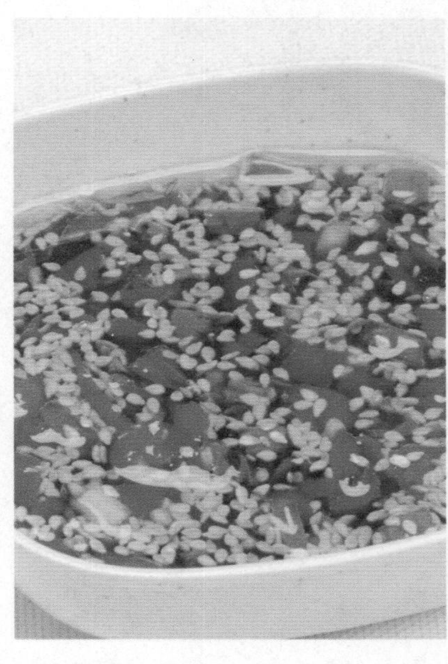

辣拌饭酱

原材料 红辣椒20克，白芝麻10克，葱8克

调味料 酱油10毫升，糖8克，辣椒酱40克，麻油6毫升

做法

1. 将红辣椒洗净切成块；将葱洗净，切葱花。
2. 将原材料和调味料加适量白开水拌匀即可。

应用： 适合用来拌饭。

保存： 室温下可保存3天，冷藏可保存15天。

烹饪提示： 酱料想长时间保存时，需确保盛装酱料的容器不含水分。

推荐菜例

农家芋头饭

补中益气，健脾养胃

原材料 米300克，芋头250克，泡发好的香菇5克，花生米10克，蒜苗适量

调味料 盐、胡椒粉、麻油、九里香、油各适量，辣拌饭酱适量

做法

1. 将芋头洗净切成粒；将蒜苗洗净切成段；将香菇洗净后切粒。
2. 将芋头蒸熟，用中油温炸至表层变硬；将蒜苗、香菇入油锅炒香，调入调味料炒匀。
3. 将米洗净入锅煲至八成熟，再放入其余盐、胡椒粉、麻油煲至熟，最后放入九里香、辣拌饭酱即可。

麦芽桂花酱

调味料 桂花酱30克，麦芽糖15克，米酒15毫升，醋10毫升，酱油20毫升，辣酱油20毫升，酱油膏20克，糖适量

做法

1. 锅置火上，加入所有调味料同煮。
2. 煮至糖溶化即可。

应用： 用于凉拌菜。
保存： 室温下可保存3天，冷藏可保存15天。
烹饪提示： 桂花酱不宜久煮，可以最后加入。

推荐菜例

猪蹄扒茄子

补虚填精，抗衰养颜

原材料 猪蹄300克，茄子200克，胡萝卜50克

调味料 盐3克，醋10毫升，酱油20毫升，麦芽桂花酱、油各适量

做法

1. 将猪蹄刮洗干净；将胡萝卜洗净，切成块；将茄子去皮洗净，剖开，在茄子表面打上十字花刀，入油锅中炸至表面呈金黄色，捞出置于盘中。
2. 锅内注油，放猪蹄炸至金黄色，放入胡萝卜炒匀，加盐、醋、酱油，再注入水、麦芽桂花酱焖煮半小时。
3. 将猪蹄放在茄子上，再淋上猪蹄原汤即可。

蒜味沙茶拌酱

原材料 大蒜10克

调味料 糖3克，酱油、沙茶酱各适量

做法

1. 将大蒜去皮洗净，切末。
2. 将糖、蒜末、酱油、沙茶酱混合，加入适量冷开水拌匀即可。

应用：可用于拌食海鲜、肉类菜。

保存：室温下可保存3天，冷藏可保存18天。

烹饪提示：做此酱时，可加入适量大蒜酥增加香味。

推荐菜例

鱼香肉丝

补肾养血，滋阴润燥

原材料 猪瘦肉150克，青椒丝30克，水发黑木耳、胡萝卜丝各50克

调味料 白糖、盐、酱油、醋、水淀粉、油各适量，蒜味沙茶拌酱适量

做法

1. 将猪瘦肉、水发黑木耳洗净，切丝。
2. 将猪瘦肉丝加入盐和水淀粉，抓匀；将适量的水淀粉与白糖、酱油、醋调成汁备用。
3. 油锅烧热，先炒肉丝，再放青椒、胡萝卜、黑木耳，快炒至肉丝熟，立即倒入调好的淀粉勾芡，下入蒜味沙茶拌酱，炒匀即可。

辛辣酱

调味料 花椒粉、辣椒粉各3克，辣椒酱、蚝油、白酒、麻油各适量，糖6克，酱油10毫升

做法

1. 将上述调味料依次放碗里。
2. 将它们混合搅拌均匀即可。

应用：可用于拌或炒肉类、海鲜类等菜肴。

保存：室温下可保存2天，冷藏可保存15天。

烹饪提示：要选用正宗韩国辣椒粉，颜色鲜红却不辣，做出的酱料更香。

推荐菜例

风味盐水猪肝

补肝明目，补血养颜

原材料 猪肝200克，红椒适量

调味料 盐水、辣椒酱各适量，辛辣酱适量

做法

1. 将猪肝洗净，放入锅中煮熟，再放入盐水中腌渍。
2. 将红椒洗净，切成末，与辣椒酱拌匀待用。
3. 将腌好的猪肝切片，摆盘中，浇上红椒辣椒酱、辛辣酱即可。

猪肝

红椒

茄汁酱

原材料 大蒜8克，洋葱15克，高汤适量

调味料 糖10克，盐8克，番茄酱40克，醋5毫升，油适量

做法

1. 将大蒜去皮洗干净，切碎；将洋葱洗干净，切碎。
2. 油锅烧热，入蒜碎、洋葱碎煸炒，调入糖、盐、番茄酱、醋炒匀，注入高汤烧开即可。

应用：用于腌拌肉类食物。

保存：室温下可保存2天，冷藏可保存18天。

烹饪提示：将蒜碎煸炒后香味才会散发出来。

推荐菜例

香辣鸡翅

温中益气，补精填髓

原材料 鸡翅400克，卤水50毫升，干辣椒20克

调味料 盐3克，味精3克，红油8毫升，茄汁酱、油各适量，花椒10克

做法

1. 将鸡翅洗净，放入烧沸的油中，炸至金黄色捞出。
2. 将鸡翅放入卤水中卤至入味。
3. 锅中加油烧热，下入干辣椒、花椒炒香后，放入鸡翅，加入盐、味精、红油、茄汁酱炒至入味即可。

无锡酱

原材料 红谷米15克，葱50克，姜10克，干辣椒适量

调味料 桂皮、八角各8克，生抽、冰糖、料酒、鱼露、盐、味精各适量

做法

1. 将葱、姜、干辣椒均洗净，切末。
2. 将原材料和调味料混合拌匀，置火上烧开即可。

应用：用于拌炒肉类、海鲜类食物。

保存：室温下可保存2天，冷藏可保存18天。

烹饪提示：做此酱时要用小火。

推荐菜例

炒墨鱼

补益精血，补脾益肾

原材料 墨鱼500克，蒜苗、青椒、红椒各适量

调味料 盐3克，味精1克，醋8毫升，酱油15毫升，无锡酱、油各适量

做法

1. 将墨鱼洗净，切段；将蒜苗洗净，切段；将青椒、红椒洗净，切片。
2. 锅内注入油烧热，放入墨鱼翻炒至变色卷起后，再加入蒜苗、青椒、红椒炒匀。
3. 再加入盐、醋、酱油、无锡酱炒至熟后，加入味精调味，起锅装盘即可。

苹果腌肉酱

原材料 苹果50克，大蒜15克

调味料 麻油5毫升，酱油、糖、辣椒粉各适量

做法

1. 将苹果、大蒜洗净，分别剁成末。
2. 将原材料和调味料一起拌匀即可。

苹果

大蒜

应用：用于腌渍肉类食物。

保存：室温下可保存2天，冷藏可保存15天。

烹饪提示：苹果也可改用水梨。

推荐菜例

苹果炒鸡柳

温中补脾，益气养血

原材料 鸡肉200克，熟甘笋适量，青椒1个，苹果1个，姜丝适量

调味料 番茄汁、盐、油、味精各适量，苹果腌肉酱适量

做法

1. 将苹果一切两半，去核、去皮，与鸡肉、熟甘笋、青椒分别切粗条待用。
2. 将鸡肉加苹果腌肉酱腌15分钟。
3. 起油锅烧热，下姜丝爆香，放入青椒、鸡肉略炒，加入甘笋、苹果炒匀，下番茄汁及盐、味精调味即可。

红葱沙姜拌酱

原材料 红葱头20克，大蒜30克

调味料 沙姜粉、豆豉酱、海鲜酱、白糖各适量

做法

1. 将红葱头、大蒜洗净，切碎。
2. 将蒜碎、红葱头碎、沙姜粉、豆豉酱、海鲜酱、白糖混匀即可。

应用：用于拌炒肉类、海鲜类食物。

保存：室温下可保存4天，冷藏可保存15天。

烹饪提示：做此酱时，先将海鲜酱、豆豉酱拌匀，更易入味。

推荐菜例

农家酱蟹

清热解毒，滋阴补肝

原材料 蟹350克，香菜5克

调味料 盐、味精各3克，油10毫升，酱油、料酒、水淀粉各10毫升，红葱沙姜拌酱、淀粉各适量

做法

1. 将蟹洗净，斩块，用盐、味精、酱油腌15分钟；将料酒、味精、盐、水淀粉加清水兑成芡汁。
2. 炒锅上火，注油烧至三成热，将蟹块沾上少许淀粉入锅，炸熟至外表呈火红色。
3. 再将芡汁、红葱沙姜拌酱淋在蟹上，翻炒均匀，盛盘，撒上香菜即可。

腌渍鱼卵酱

原材料 柴鱼高汤100毫升

调味料 酱油20毫升，清酒8毫升，味精5克

做法

1. 将上述原材料与调味料依次放碗里。
2. 将它们混合搅拌均匀即可。

酱油

清酒

应用：用于腌渍鱼卵。
保存：冷藏可保存4天。
烹饪提示：适合现拌现用。

推荐菜例

酱鳕鱼子

活血止痛，温中健胃

原材料 鳕鱼子300克，大蒜20克，姜12克，芝麻25克

调味料 红辣椒粉15克，盐10克，腌渍鱼卵酱适量

做法

1. 姜、大蒜洗净后去皮，切成末。
2. 在鳕鱼子上放上腌渍鱼卵酱，腌渍过夜备用。
3. 在鳕鱼子上抹红辣椒粉、蒜末、姜末、盐，层层放入坛中，在其表面覆盖一层塑料薄膜，在其上压重物，三周后取出，撒上芝麻后即可食用。

芝麻泡菜酱

原材料 花生12克，熟芝麻8克，朝天椒15克，干葱8克

调味料 姜粉15克，白醋10毫升，红椒粉5克，糖6克，盐4克

做法

1. 将原材料洗净。
2. 先炒香干葱、朝天椒，再下入其余原材料和调味料拌匀即可。

应用： 适合用来腌渍各种泡菜。

保存： 室温下可保存2天，冷藏可保存10天。

烹饪提示： 将朝天椒切碎，使辣味散发出来。

推荐菜例

肉炒面

滋阴润燥，补血养颜

原材料 面条200克，猪肉100克，洋葱1个，番茄1个，红辣椒1个

调味料 盐3克，酱油2毫升，油5毫升，味精1克，芝麻泡菜酱适量

做法

1. 将猪肉、红辣椒、洋葱洗净切丝；将番茄洗净切片。
2. 将肉丝、红辣椒丝、洋葱丝、番茄片放入开水中焯烫；将面条放入开水中煮熟，捞出沥干水分；锅上火，烧热油后放入上述所有材料翻炒。
3. 调入盐、味精，淋入酱油、芝麻泡菜酱拌炒均匀，即可起锅装盘。

香蒜拌酱

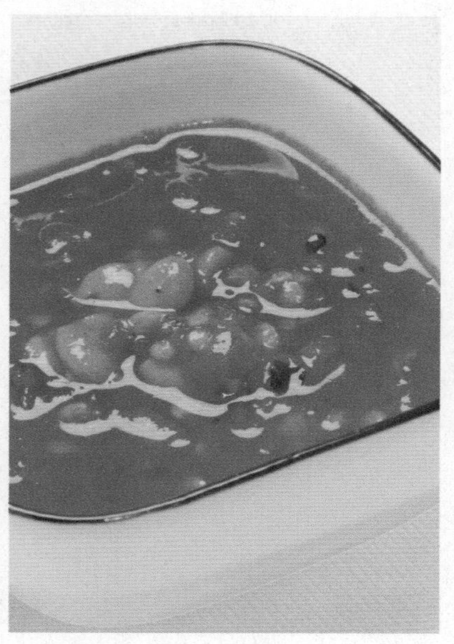

原材料 洋葱30克，辣椒、火腿各20克，大蒜10克

调味料 红油、麻油、油各适量

做法

1. 将洋葱、辣椒均洗净切块；大蒜洗净切成末。
2. 油锅烧热，入洋葱、辣椒、蒜末、火腿炒香，注入适量清水烧开，调入红油、麻油拌匀即可。

应用：用于拌食鱼类、海鲜类食物。

保存：室温下可保存2天，冷藏可保存5天。

烹饪提示：在此酱中加入蒜苗末，味道也相当不错。

推荐菜例

烤鸭蛋面

改善贫血，增强免疫力

原材料 烤鸭腿1个，鸡蛋面150克，上汤400毫升，葱10克

调味料 盐4克，味精2克，蚝油15毫升，香蒜拌酱适量

做法

1. 将烤鸭腿切成块；将葱择洗干净后切葱花；将上汤煮开后，先后调入盐、味精、蚝油，再盛入碗中。
2. 待锅中水烧开以后，放入鸡蛋面，用筷子将其搅散。
3. 将鸡蛋面煮熟，用漏勺捞出，沥干水分后放入盛有上汤的碗中，撒上葱花、香蒜拌酱，摆上烤鸭腿即可。

烤肉腌酱

原材料 大蒜20克，葱8克

调味料 红糖30克，辣椒粉15克，花生粉50克，小茴香粉8克

做法

1. 将大蒜去皮洗净，切末；将葱洗净，切末。
2. 将原材料与调味料混合，加入冷开水充分拌匀即可。

应用： 用于腌渍肉类食物。

保存： 室温下可保存5天，冷藏可保存21天。

烹饪提示： 使用前最好再拌匀一下。

推荐菜例

酱凤爪

软化血管，美容养颜

原材料 鸡爪300克，姜、葱、干辣椒各适量

调味料 八角、桂皮、料酒、酱油、味精各适量，烤肉腌酱适量

做法

1. 将鸡爪洗净，切去爪尖，放入开水中略煮，冲水过凉待用。
2. 锅内加水，放入酱油、八角和料酒、桂皮、姜、葱、干辣椒煮约20分钟。
3. 再加入味精、烤肉腌酱和鸡爪，煮开后熄火，浸泡20分钟后捞出鸡爪，用原汤浸泡，食用时再取出斩件即可。

花生洋葱酱

原材料 花生、洋葱各25克，干葱8克

调味料 油适量

做法

1. 将干葱切末；将洋葱洗净，切碎末。
2. 油锅烧热，略炒花生，随后加入其余原材料和适量水，拌炒均匀即可。

花生

洋葱

应用：适合用来搭配面食等。

保存：室温下可保存1天，冷藏可保存10天。

烹饪提示：花生碎可用花生粉代替。

推荐菜例

金针菇肥牛面

滋养脾胃，强健筋骨

原材料 面条110克，肥牛50克，金针菇、胡萝卜条、玉米、包菜、豆芽、白汤各适量

调味料 盐、酱油、调味粉各适量，花生洋葱酱适量

做法

1. 将肥牛切片；包菜切块；金针菇、玉米、豆芽洗净备用。
2. 用肥牛片将金针菇卷起，分成4份；将白汤放锅中煮开，放入金针菇卷，调入酱油煮1分钟。
3. 再放入面条，加入包菜、豆芽、玉米、胡萝卜条，调入盐、酱油、调味粉、花生洋葱酱煮匀即可。

芝麻凉面拌酱

原材料 大蒜10克，葱姜水适量

调味料 芝麻酱30克，糖、醋、麻油、红油、盐、柠檬汁各适量

做法

1. 将大蒜去皮洗净，切末。
2. 将芝麻酱、蒜末混合，加入糖、醋、麻油、红油、盐、葱姜水、柠檬汁搅拌均匀即可。

应用：用于拌面，配水煮蔬菜亦可。

保存：室温下可保存4天，冷藏可保存25天。

烹饪提示：葱姜水也可直接用葱花、姜末代替。

推荐菜例

酸菜牛肉凉面

补中益气，滋养脾胃

原材料 面条200克，牛肉100克，酸菜、黄瓜丝、豆芽各20克

调味料 盐3克，鸡精2克，麻油5毫升，芝麻凉面拌酱、油各适量

做法

1. 将酸菜洗净切成末；将豆芽洗净；将牛肉洗净切成片。
2. 锅置火上，注入适量水，水沸后放入面条煮至熟，捞出沥干水分，装碗。
3. 锅上火，放适量油，油热后放入牛肉、黄瓜、豆芽、酸菜，调入盐、鸡精、芝麻凉面拌酱翻炒，至均匀入味起锅，摆在面上，淋入麻油即可。

粤式泡菜腌酱

原材料 芝麻5克

调味料 陈醋30毫升，糖20克，盐5克

做法

1. 将原材料与调味料混合。
2. 加入冷开水调匀即可。

应用：用于腌渍各类蔬菜。

保存：室温下可保存10天，冷藏可保存40天。

烹饪提示：做酱时要放入冰过的开水，未煮开的水会带有细菌。

推荐菜例

糖醋黄瓜

开胃消食，生津止渴

原材料 黄瓜2根

调味料 米醋20毫升，糖30克，粤式泡菜腌酱适量

做法

1. 将黄瓜洗净，切片备用。
2. 调入粤式泡菜腌酱腌渍入味。
3. 将黄瓜片沥干水分，加入糖、米醋拌匀即可食用。

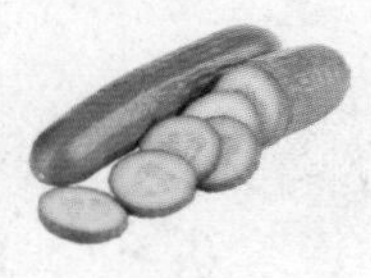

黄瓜

糖

芝麻辣味腌酱

原材料 大蒜、熟芝麻各50克，洋葱丝、红椒末各少许

调味料 盐、糖、麻油、酱油、韩式辣酱各适量

做法

1. 将大蒜洗净，剁成泥；将熟芝麻碾碎备用。
2. 将原材料和调味料一起混匀即可。

应用：可腌渍肉类。

保存：室温下可保存2天，冷藏可保存15天。

烹饪提示：韩式辣酱不是很辣，但香味浓郁。

推荐菜例

盐渍螃蟹

清热解毒，补骨填髓

原材料 红蟹3只，红辣椒丝少许，大蒜3瓣，姜1块，芝麻5克

调味料 酱油10毫升，盐5克，芝麻辣味腌酱适量

做法

1. 将红蟹清洗干净后去掉外壳，切成小块，再用盐腌渍；姜切丝。
2. 将所有调味料拌在一起，制成调味酱，将调味酱倒在红蟹块上，加入红辣椒丝、大蒜、姜丝拌匀，腌渍2小时后撒上芝麻即可食用。

红蟹

大蒜

芝麻花生拌酱

原材料 大蒜末10克，白芝麻3克

调味料 花生酱、酱油、红油各适量

做法

1. 将上述原材料与调味料依次放碗里。
2. 将它们混合搅拌均匀即可。

应用： 用于拌食面食。

保存： 室温下可以保存2天，冷藏可以保存15天。

烹饪提示： 做此酱时，可用熟芝麻代替，口感更好。

推荐菜例

油泼扯面

强身健体，增强免疫力

原材料 面条200克，葱1根

调味料 盐3克，味精2克，酱油1毫升，陈醋2毫升，干辣椒粉50克，蚝油10毫升，芝麻花生拌酱、油各适量

做法

1. 将葱洗净，切葱花；再将面条煮熟，焯水冲凉，捞入碗内，调入盐、味精、酱油、陈醋，拌匀。
2. 锅内放油、芝麻花生拌酱烧热；在面条上加入蚝油、葱花、辣椒粉。
3. 将烧好的热油淋在面上，拌匀即可。

盐酥甜腌酱

原材料 白芝麻30克，大蒜、葱、姜汁各适量

调味料 香菇粉10克，糖10克，酱油膏40克，淀粉、料酒各适量

做法

1. 将大蒜洗净，切成末；将葱洗净，切葱花。
2. 将原材料和调味料充分混匀即可。

应用： 用于腌渍肉类食物。

保存： 室温下可保存4天，冷藏可保存30天。

烹饪提示： 可用鸡精代替香菇粉。

推荐菜例

蚝油鸡条

益气养血，补肾益精

原材料 鸡脯肉300克，香菇100克，葱、姜、大蒜各适量

调味料 盐、料酒、白糖、酱油、蚝油、水淀粉、花生油、盐酥甜腌酱各适量

做法

1. 将鸡脯肉洗净切条，加盐、料酒腌渍入味；将香菇切条待用；将鸡条滑油至熟，倒出控油。
2. 将盐、白糖、酱油、蚝油、水淀粉调成芡汁。
3. 起油锅烧热，爆香葱、姜、大蒜，加鸡条、香菇条翻炒，倒入兑好的芡汁、盐酥甜腌酱炒匀，装盘即可。

沙县拌酱

原材料 白芝麻10克

调味料 芝麻酱20克，盐2克，味精4克

做法

1. 将白芝麻炒香。
2. 将芝麻酱加入白芝麻、盐、味精搅拌均匀即可。

应用：用于拌食面食类食物。
保存：室温下可保存3小时，冷藏可保存18天。
烹饪提示：味精可依口味酌量添加。

推荐菜例

凉拌通心面

补肺养血，滋阴润燥

原材料 火腿片30克，通心面200克，生菜叶2片，鸡蛋1个

调味料 橄榄油10毫升，沙县拌酱适量

做法

1. 锅中加水煮开后，下通心面煮沸，转中火续煮5分钟，将面捞起放入冷开水中浸凉，捞起沥干。
2. 将鸡蛋置于水中，煮熟后捞起待凉，将蛋白切丁，将蛋黄碾碎；将火腿切细丝；将生菜洗净拭干，切细丝。
3. 将通心面、蛋白、蛋黄、火腿、生菜加橄榄油、沙县拌酱拌匀即成。

红椒番茄拌酱

原材料 大蒜15克，红椒15克，番茄40克

调味料 咖喱粉、盐、柠檬汁、麻油、白酒醋、油各适量

做法

1. 将大蒜、红椒切成末；将番茄洗净切成丁。
2. 油锅烧热，入蒜末、红椒末炒香，放入番茄丁同炒。然后调入盐、咖喱粉、柠檬汁、白酒醋、麻油拌匀。

应用： 用于拌食肉类食物。

保存： 室温下可保存3天，冷藏可保存25天。

烹饪提示： 可用红酒醋代替白酒醋。

推荐菜例

青红椒炒虾仁

养血固精，益气壮阳

原材料 虾仁200克，青辣椒100克，红辣椒100克，鸡蛋1个

调味料 味精、盐、胡椒粉、油、淀粉各适量，红椒番茄拌酱适量

做法

1. 将青辣椒、红辣椒洗净切丁，备用。
2. 将虾仁洗净，放入鸡蛋液、淀粉、盐码味后过油，捞起待用。
3. 锅内留油少许，下青辣椒、红辣椒炒香，再放入虾仁翻炒至入味，起锅前放入胡椒粉、味精、盐、红椒番茄拌酱调味即可。

雪菜辣拌酱

原材料 雪菜50克，猪肉、辣椒各适量

调味料 糖、甜面酱、豆瓣酱、芝麻、蚝油、水淀粉、油各适量

做法

1. 将猪肉洗净，切末；将辣椒、雪菜均洗净，切碎。
2. 油锅烧热，入雪菜、猪肉末、辣椒碎炒香，调入糖、甜面酱、豆瓣酱、芝麻、蚝油炒匀，以水淀粉勾芡即可。

应用：用于拌食面条、蔬菜类食物。

保存：室温下可保存3天，冷藏可保存15天。

烹饪提示：雪菜可用榨菜丝代替。

推荐菜例

当归面线

开胃消食，补养五脏

原材料 面线300克，当归2片，枸杞子少许，茯苓1片，黄花菜10克，高汤500毫升，青菜适量

调味料 雪菜辣拌酱适量

做法

1. 将黄花菜洗净打结；在高汤内放入当归、茯苓，煮一下。
2. 将水煮开后，加入面线煮约5分钟后，将面线捞起。
3. 把煮好的面线及枸杞子、青菜、黄花菜、雪菜辣拌酱加入当归、茯苓汤内煮沸即成。

芋香拌酱

原材料 五花肉40克，芋头丁20克，高汤适量

调味料 糖6克，酱油、麻油、胡椒粉、油各适量

做法

1. 将五花肉洗净，切成末。
2. 油锅烧热，入肉末、芋头稍炒，加入高汤烧煮至芋头熟透。
3. 调入糖、酱油、胡椒粉、麻油拌匀即可。

应用：适合用来拌食各类面食。
保存：室温下可保存1天，冷藏可保存10天。
烹饪提示：做此酱宜用中火或小火。

推荐菜例

豉油皇炒面

增强气力，补养五脏

原材料 面条200克，豆芽、三明治火腿各25克，葱适量

调味料 生抽、老抽、盐、味精、油各适量，芋香拌酱适量

做法

1. 将豆芽洗净；将三明治火腿洗净切丝；将葱洗净切段。
2. 将面条下锅煮熟捞出。
3. 锅下油烧热，放豆芽、三明治火腿、葱炒熟，再倒入面条，加生抽、老抽、盐、味精、芋香拌酱炒1分钟即可。

味噌面酱

原材料 清酒8毫升，高汤适量

调味料 红味噌、黑味噌各10克，白味噌20克，糖10克，味啉8毫升

做法

1. 锅置火上，入味噌、糖，快速煸炒。
2. 再加入其余的原材料和调味料，搅拌均匀，用小火烧开即可。

应用： 用来拌面等。

保存： 室温下可以保存2天，冷藏可以保存8天。

烹饪提示： 糖的用量因人而异。

推荐菜例

味噌拉面

增强免疫力，促进消化

原材料 面条110克，叉烧15克，包菜20克，金针菇20克，豆芽10克，卤蛋半个，玉米粒25克，味噌汤360毫升，葱2克

调味料 味噌面酱适量

做法

1. 将叉烧切成片；将葱洗净切葱花；将包菜切成片；将金针菇、玉米粒、豆芽洗净备用。
2. 锅中注水烧开，放入面条煮熟，捞出沥水后装碗。
3. 将所有蔬菜入沸水中焯熟后放在面条上，将味噌汤、味噌面酱注入配好的面碗内，放入叉烧和卤蛋即可食用。

咸鱼香菇酱

原材料 咸鱼100克，干香菇5克

调味料 麻油、油各适量

做法

1. 将干香菇磨成粉。
2. 油锅烧热，放入咸鱼炒香，调入香菇粉炒匀，滴入麻油即可。

应用：用于拌食蔬菜、面食类食物。
保存：室温下可保存5天，冷藏可保存23天。
烹饪提示：酱用咸鱼宜选用小鱼干。

推荐菜例

姜葱捞面

增强气力，补养五脏

原材料 面条50克，生菜少许，葱、姜各适量

调味料 盐、糖、麻油、味精各适量，咸鱼香菇酱适量

做法

1. 先将葱、姜洗净，将葱切成葱花，将姜剁成蓉，备用。
2. 锅上火，放水烧热，加入糖、盐、味精、麻油、咸鱼香菇酱调匀，再放入面条焯熟，装碗。
3. 在焯熟的面条上撒上姜蓉、葱花及焯熟的生菜即可食用。

人参红枣腌肉酱

原材料 人参汁30毫升，红枣30克，姜10克，葱少许

调味料 盐5克，酒5毫升

做法

1. 将红枣、姜、葱分别洗净，将姜、葱切成末。
2. 将所有的原材料和调味料一起搅拌均匀即可。

应用：用于腌渍肉类食物。

保存：室温下可保存2天，冷藏可保存15天。

烹饪提示：红枣要事先浸泡5分钟。

推荐菜例

南瓜烧鸡

温中补脾，补肾益精

原材料 嫩仔鸡肉500克，南瓜150克，姜、大蒜、泡椒各适量

调味料 酱油、料酒、豆豉、花椒、淀粉、油、盐各适量，人参红枣腌肉酱适量

做法

1. 将鸡肉和南瓜洗净，分别切成小块。
2. 将泡椒切段；将豆豉剁细；将大蒜炸黄捞出；将鸡块下入人参红枣腌肉酱中腌渍，再下油锅炸至金黄色，捞出控油待用。
3. 油烧热，下姜片、泡椒、豆豉、花椒、大蒜煸炒，下鸡块、南瓜块、酱油、料酒、盐，煨至汤干，勾芡即可。

蒜泥芝麻腌酱

原材料 大蒜50克，白芝麻10克

调味料 番茄酱8克，沙茶酱30克，麻油、红油各5毫升，酱油膏15克，酱油6毫升，糖10克

做法

1. 将大蒜去皮洗净，切末。
2. 将蒜末、白芝麻和调味料一起搅拌均匀即可。

应用：可用于腌渍肉类。

保存：室温下可保存3天，冷藏可保存15天。

烹饪提示：大蒜要切得越细越好，这样更容易入味。

推荐菜例

鹌鹑蛋烧猪蹄

补虚填精，滋润皮肤

原材料 猪蹄750克，卤鹌鹑蛋20个，蒜末5克

调味料 老抽10毫升，鸡精3克，盐3克，八角、淀粉各适量，蒜泥芝麻腌酱适量

做法

1. 将猪蹄清洗干净，斩段，放入蒜泥芝麻腌酱腌渍10分钟，加盐、八角后放入高压锅中压8分钟。
2. 将蒜末下锅煸香，放入猪蹄、卤鹌鹑蛋，调入老抽、鸡精，再用淀粉勾芡即可。

甜面拌酱

原材料 高汤、熟芝麻、葱各适量

调味料 甜面酱、酱油、糖、麻油、水淀粉、胡椒粉各适量

做法

1. 将葱洗净切末。
2. 锅置火上，入甜面酱、高汤、熟芝麻、葱末、酱油、糖、麻油、胡椒粉烧开，以水淀粉勾芡即可。

应用：用于拌食面食、蔬菜等食物。

保存：室温下可保存2天，冷藏可保存15天。

烹饪提示：芝麻可先烤香再用。

推荐菜例

蔬菜面

滋阴润燥，增强免疫力

原材料 蔬菜面80克，胡萝卜40克，猪后腿肉35克，鸡蛋1个，高汤适量

调味料 盐、甜面拌酱各适量

做法

1. 将猪后腿肉洗净，加盐稍腌，再入开水中烫熟，切片备用。
2. 将胡萝卜洗净，削皮切丝，与蔬菜面一起放入高汤中煮开，再将鸡蛋打入，调入盐、甜面拌酱后放切片后腿肉即可。

胡萝卜

鸡蛋

芝麻肉腌料

原材料 鸡蛋1个

调味料 糖5克，盐3克，麻油、米酒各适量

做法

1. 将鸡蛋搅散。
2. 再加入糖、盐、麻油、米酒混合拌匀即可。

应用：可用于腌渍肉类食物。
保存：冷藏可保存10天。
烹饪提示：米酒酒精度高，可按个人喜好添加。

推荐菜例

兰州羊羔肉

补血益气，温中暖肾

原材料 羊羔肉500克，空心粉条50克，姜片、青椒、红椒、葱段、蒜片各适量，高汤200毫升

调味料 盐5克，鸡精1克，油5毫升，芝麻肉腌料适量

做法

1. 将羊羔肉洗净，切条，放入芝麻肉腌料腌渍10分钟；将青椒、红椒切块。
2. 锅上火，入油烧热，放入羊肉干炒，加姜片、葱段、高汤，调入盐和鸡精炒匀。
3. 转入高压锅中煮10分钟，再倒入砂锅中，加入空心粉条、青椒、红椒、蒜片，收干汁即可。

花生辣腌酱

原材料 花生碎30克，辣椒15克，大蒜8克，干葱6克

调味料 辣椒粉、丁香、五香粉、八角粉各适量，油12毫升

做法

1. 油锅烧热，加入花生碎、辣椒、大蒜拌炒。
2. 再加入余下原材料、调味料和适量水混炒均匀即可。

应用： 用于腌渍肉类食物。

保存： 室温下可保存2天，冷藏可保存14天。

烹饪提示： 炒花生碎时宜快速，而且火力不能过大。

推荐菜例

干煸牛肉

补中益气，滋养脾胃

原材料 净牛肉200克，芹菜100克，姜、干辣椒各适量

调味料 花生辣腌酱、料酒、白糖、盐、味精、花椒粉、花椒、花生油各适量

做法

1. 将牛肉洗净切成细丝，放入花生辣腌酱腌渍10分钟；将芹菜择洗干净，去叶，切长段；将姜切丝待用。
2. 油锅烧热，下牛肉丝炒散，放入盐、料酒和姜丝、干辣椒、花椒继续煸炒。
3. 待香味溢出、肉丝酥软时加芹菜、白糖和味精炒熟，盛入盘中，撒上花椒粉即可。

辣味油醋酱

原材料 洋葱60克

调味料 麻油50毫升，味啉15毫升，辣椒粉10克，盐5克，醋80毫升

做法

1. 将洋葱洗净，剁成泥。
2. 将洋葱泥与所有的调味料一起搅拌均匀即可。

应用：用于凉拌菜或者炒菜。

保存：室温下可保存3天，冷藏可以保存15天。

烹饪提示：若要增加辣味可改用鸡心辣椒粉。

推荐菜例

白萝卜沙拉

消食化滞，开胃健脾

原材料 大白萝卜230克，葱1棵，红辣椒2个，大蒜1瓣，生菜少许

调味料 红辣椒粉8克，盐3克，糖5克，辣味油醋酱适量

做法

1. 将白萝卜削皮，切成5厘米长的细丝；将葱、蒜都切末；将红辣椒切成细丝；生菜洗净垫盘底。
2. 将红辣椒粉、糖、盐、红辣椒丝、葱末、蒜末加入白萝卜丝中，拌匀。
3. 最后加入辣味油醋酱拌匀即可。

醋熘洋葱拌酱

原材料 洋葱30克，大蒜、辣椒、高汤各适量

调味料 醋25毫升，酱油10毫升，盐5克，麻油、水淀粉、油各适量

做法

1. 将洋葱、蒜和辣椒洗净后都切末。
2. 油锅烧热，入蒜末、洋葱末、辣椒末炒香，注入高汤烧开。调入盐、醋、酱油、麻油拌匀，以水淀粉勾芡即可。

应用：用于拌食面条或烫时蔬。

保存：室温下可保存2天，冷藏可保存15天。

烹饪提示：做此酱时可加入适量姜末来提升香味。

推荐菜例

肉丝炒面

补气养血，增强气力

原材料 面条200克，瘦肉30克，榨菜25克，葱、大蒜、红椒各适量

调味料 生抽、老抽、盐、油、味精各适量，醋熘洋葱拌酱适量

做法

1. 将瘦肉洗净，切成丝；将大蒜去皮洗净切片；将葱洗净切长段；将红椒洗净切丝；将榨菜洗净后焯水。
2. 将面条下锅煮熟，捞出盛盘。
3. 锅中加油烧热，放瘦肉丝、红椒丝、蒜片、葱段炒熟，再下榨菜，加剩余调味料炒匀，起锅盛于面条上，吃时拌匀即可。

腌牛小排酱

原材料 胡萝卜20克，红椒、洋葱、大蒜各适量

调味料 胡椒粉、盐、醋、小苏打、番茄酱各适量

做法

1. 将胡萝卜洗净，切丁；将红椒、洋葱、大蒜洗净，切末。
2. 所有原材料与调味料混合拌匀即可。

应用： 用于腌渍肉类食物。

保存： 室温下可保存2天，冷藏可保存20天。

烹饪提示： 洋葱有青、红之分，但作用是一样的，可以根据个人喜好进行选择。

推荐菜例

肥牛豆腐

补中益气，强健筋骨

原材料 豆腐、牛肉各200克，葱20克，姜10克，大蒜5克

调味料 豆瓣酱10克，盐3克，料酒4毫升，腌牛小排酱、油各适量

做法

1. 将牛肉切成粒以后，放入腌牛小排酱腌渍10分钟；将豆腐上笼蒸熟；将葱切段；将姜切末；将大蒜切末。
2. 锅中注油烧热，放入牛肉粒爆炒，加入豆瓣酱、姜末、蒜末，烹入料酒，加入盐、葱段煮开，将汤汁淋在豆腐上即可。

泰式甜梅酱

原材料 梅子20克，辣椒粉25克

调味料 糖、水淀粉、番茄酱、鱼露各适量

做法

1. 将梅子去籽，取肉。
2. 锅置火上，再加入梅子肉、辣椒粉、糖、番茄酱、鱼露，煮沸后用水淀粉勾芡即可。

应用：用于拌、炒海鲜、蔬菜。

保存：室温下可保存3天，冷藏可保存8天。

烹饪提示：可以用玉米粉水代替水淀粉勾芡。

推荐菜例

芹菜炒彩螺

滋阴润燥，提神醒脑

原材料 彩螺500克，芹菜150克，洋葱200克，猪肉末250克

调味料 黄油、味精、料酒各适量，盐3克，泰式甜梅酱适量

做法

1. 将彩螺洗净，放入锅中煮熟，将螺肉取出，切丁待用。
2. 将芹菜、洋葱洗净切段。
3. 锅烧热，加黄油，煸香肉末，再下入洋葱和芹菜炒匀，加味精、料酒、盐及泰式甜梅酱，放入彩螺肉快速炒匀即可。

蚝油干面拌酱

调味料 蚝油30毫升，酱油15毫升，味精2克，醋8毫升，麻油适量

做法

1. 将上述调味料依次放碗里。
2. 将它们混合搅拌均匀即可。

醋

麻油

应用：适合用来拌面等。
保存：室温下可保存2天，冷藏可保存15天。
烹饪提示：加点甜面酱味道更浓郁。

推荐菜例

干拌面

补肾养血，增强免疫力

原材料 油面、肉末各500克，韭菜、豆芽各100克，红葱酥30克，大蒜酥10克

调味料 酱油8毫升，酒5毫升，糖3克，盐2克，蚝油干面拌酱、油各适量

做法

1. 油锅烧热，炒散肉末，接着下大蒜酥、红葱酥，再加酱油、酒、糖、盐、水煮开后，转小火熬煮成肉臊。
2. 将油面、豆芽、韭菜焯烫，备用。
3. 将面条置于碗内，淋上肉臊和豆芽菜、韭菜、蚝油干面拌酱即可。

橄榄芥末酱

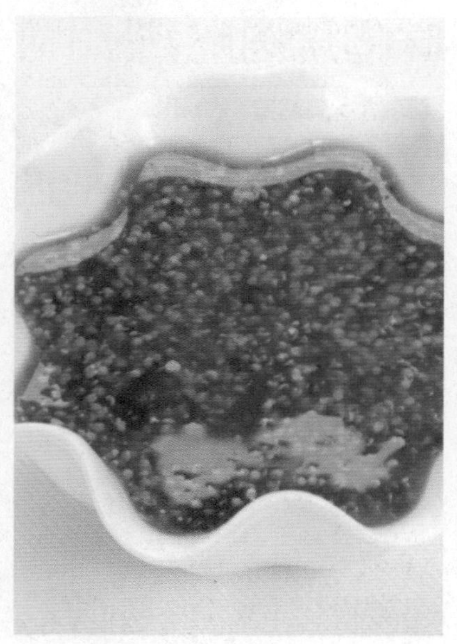

调味料 橄榄油15毫升，黄芥末籽酱10克，糯米醋8毫升，糖8克，酱油6毫升，味啉4毫升，盐、胡椒粉各少许

做法

1. 将上述调味料依次放碗里。
2. 将它们混合搅拌均匀即可。

应用：拌食蔬菜、水果、肉类食物。
保存：室温下可保存2天，冷藏可保存12天。
烹饪提示：黄芥末籽酱微酸，无一般芥末的呛味，它可增加酱的风味。

推荐菜例

烧肉沙拉

滋阴润燥，补血养颜

原材料 猪肉250克，包菜200克，熟芝麻3克，葱5克

调味料 橄榄芥末酱适量，盐3克，油100毫升

做法

1. 将猪肉洗净，切片，煮熟，沥干水分，待用。
2. 将包菜洗净，切成小块，摆放在盘中；将葱洗净，切成细丝。
3. 锅置于火上，放油烧至七成热，下入猪肉块，炸至表面呈金黄色，捞出，沥干油分，切成小块，放在包菜上，淋上橄榄芥末酱，撒上熟芝麻和盐，摆上葱丝即可。

味噌烧肉腌酱

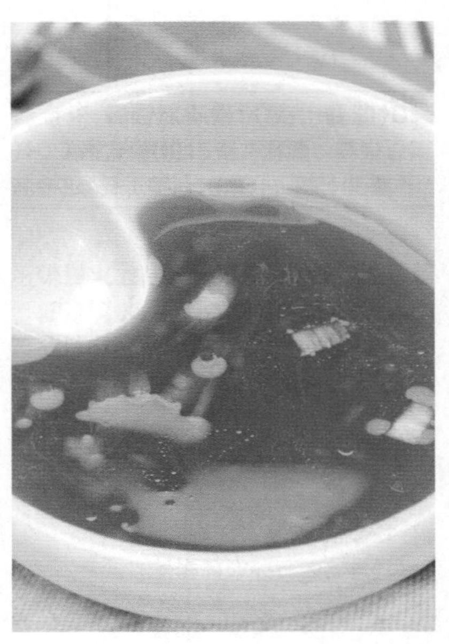

原材料 大蒜适量

调味料 味噌8克，生抽15毫升，酒10毫升，姜汁、辣椒粉、糖、大蒜各适量

做法

1. 将大蒜洗净，切成末。
2. 锅置火上，放入原材料和调味料，用小火煮5分钟，边加热边搅拌，以免煮焦。

应用：用于腌渍肉类食物。

保存：室温下可保存2天，冷藏可保存18天，冷冻可保存35天。

烹饪提示：生抽也可用浓酱油代替。

推荐菜例

辣炒乳鸽

补肝益肾，增强记忆力

原材料 乳鸽500克，青椒、红椒各60克，葱末、姜末、蒜末、干辣椒末、高汤各适量

调味料 盐、酱油、水淀粉、料酒、味精、白糖、油各适量，味噌烧肉腌酱适量

做法

1. 将乳鸽洗净，改刀成块，汆水后放入味噌烧肉腌酱腌渍。
2. 锅置火上，加油烧热，下入葱末、姜末、蒜末和干辣椒末煸香，放入鸽块炒香，加入高汤、盐、酱油、料酒和白糖，用大火烧开，转小火炖熟。
3. 放入青椒、红椒，加味精，用水淀粉勾薄芡，出锅装盘即可。

西芹洋葱腌酱

原材料 西芹粉、洋葱粉各8克，高汤80毫升

调味料 盐、味精、胡椒粉各3克，小苏打、麻油各适量

做法

1. 将原材料和除麻油外的调味料混匀。
2. 淋入麻油即可。

应用：可用于腌渍肉类食物。

保存：室温下可保存1天，冷藏可保存10天。

烹饪提示：洋葱粉可用洋葱末代替。

推荐菜例

冬笋鸡丁

益气养血，滋阴润肤

原材料 鸡脯肉300克，冬笋80克，葱末、姜末各适量

调味料 料酒、盐、味精、麻油、花生油各适量，西芹洋葱腌酱适量

做法

1. 将鸡脯肉和冬笋洗净，切成丁，入沸水中汆烫，捞出控水后放入西芹洋葱腌酱中腌渍。
2. 锅火上，加油烧热，下葱末、姜末爆锅，加入鸡丁和笋丁煸炒。
3. 再烹入料酒，加盐、味精炒熟，淋上麻油即成。

橙汁拌酱

调味料 鲜橙汁10毫升，糖4克，醋适量

做法

1. 将鲜橙汁、糖、醋同拌。
2. 加入适量清水，置火上煮开即可。

应用： 适用于拌食蔬果类、海鲜类食物等。

保存： 室温下可保存2天，冷藏可保存15天。

烹饪提示： 橙汁有酸味，根据个人口味决定醋的用量。

推荐菜例

果蔬沙拉

清热利水，生津止渴

原材料 圣女果、菠萝、黄瓜、梨子、生菜各适量

调味料 橙汁拌酱适量

做法

1. 将生菜清洗干净，放在碗底；将梨子、黄瓜洗净，去皮，切成小圆段；将菠萝去皮，洗净，切成块；将圣女果洗净，对切备用。
2. 将所有的原材料一起放入碗中。
3. 然后淋上橙汁拌酱，食用时搅拌均匀即可。

炼乳沙拉酱

原材料 红辣椒5克

调味料 炼乳30克，蛋黄酱75克

做法

1. 将红辣椒洗净，切丁。
2. 将蛋黄酱与炼乳混合调匀，撒上红辣椒丁即可。

应用： 用于拌食海鲜类食物。

保存： 室温下可保存2天，冷藏可保存15天。

烹饪提示： 也可将红椒丁炒香后，拌于酱料中。

推荐菜例

带子墨鱼沙拉

养血通经，补肾壮阳

原材料 带子肉、墨鱼、虾各150克，黄甜椒、红甜椒各30克，生菜50克，姜15克

调味料 盐4克，沙拉酱少许，炼乳沙拉酱适量

做法

1. 将生菜洗净，放入碗底；将黄甜椒、红甜椒洗净，切成块；将带子肉、墨鱼、虾洗净备用。
2. 将黄甜椒、红甜椒入开水稍烫，捞出，沥干水分；将带子肉、墨鱼、虾放入清水锅，加盐、生姜煮熟，捞出。
3. 将准备好的食材放在碗中，食用时配沙拉酱和炼乳沙拉酱即可。

豆瓣蜜糖拌酱

调味料 豆瓣酱40克，豆豉粒40克，蜜糖30克，盐、味精各8克，黑胡椒粉10克

做法

1. 锅置火上，注水烧开。
2. 加入豆瓣酱、豆豉粒、蜜糖、盐、味精、黑胡椒粉拌匀即可。

应用：用于腌拌鱼类、肉类食物。
保存：室温下可保存2天，冷藏可保存18天。
烹饪提示：豆豉粒宜选用干豆豉，捣碎后风味更佳。

推荐菜例

豆酱紫苏蒸鳕鱼

活血止痛，清热利水

原材料 鳕鱼500克，豆酱30克，紫苏、红椒、香菜各适量，粉丝少许
调味料 盐3克，醋8毫升，酱油、油各适量，豆瓣蜜糖拌酱适量

做法

1. 将鳕鱼洗净，切成块；将粉丝炸熟，排于盘中；将紫苏洗净；将红椒洗净，切成丝；将香菜洗净。
2. 用盐、醋、酱油将鳕鱼块腌渍，再用豆酱、豆瓣蜜糖拌酱涂匀，装入有粉丝的盘中，放上紫苏、红椒。
3. 放入蒸锅中蒸20分钟后，取出，撒上香菜即可。

双味凉拌辣酱

原材料 白芝麻少许

调味料 辣酱30克，味啉、味噌各适量

做法

1. 先将芝麻炒熟。
2. 再与所有调味料一起混合均匀即可。

白芝麻

味噌

应用：用于凉拌菜。

保存：室温下可保存2天，冷藏可保存15天。

烹饪提示：选用韩式味噌，酱的口味会更浓郁。

推荐菜例

茼蒿沙拉

养胃健脾，降压补脑

原材料 茼蒿300克，葱末10克

调味料 酱油10毫升，盐3克，麻油少许，双味凉拌辣酱适量

做法

1. 将茼蒿处理干净，去除较硬的粗梗。
2. 将茼蒿在盐水中焯好以后用冷水冲洗，沥干水分。
3. 将茼蒿内的水挤出，用葱末、酱油、盐、麻油调味，加入双味凉拌辣酱拌匀即可。

茼蒿

葱

枸杞辣腌肉酱

原材料 枸杞汁50毫升，枸杞子适量

调味料 辣酱、味啉、糖各适量，料酒8毫升

做法

1. 将上述原材料与调味料依次放碗里。
2. 将它们混合搅拌均匀即可。

枸杞子

糖

应用：用于腌渍肉类食物。

保存：室温下可保存2天，冷藏可保存15天。

烹饪提示：此汁要过滤后方可入菜。

推荐菜例

枸杞蒸猪肝

补肝明目，补血养颜

原材料 猪肝350克，枸杞子30克，葱末、姜末各适量

调味料 味精、料酒、酱油、盐、白糖各适量，枸杞辣腌肉酱适量

做法

1. 将猪肝洗干净，切成片；将枸杞子洗干净，沥干水待用。
2. 将猪肝片放入碗内，加入盐、味精、白糖、葱末、姜末、料酒、酱油、枸杞辣腌肉酱拌匀，腌约1小时。
3. 将猪肝捞起放入碗内，加入枸杞子，上蒸笼隔水以大火蒸25分钟即成。

辣味腌肉酱

原材料 葱30克

调味料 酱油、辣椒酱、糖各适量，酒15毫升

做法

1. 将葱洗净，切成段。
2. 将原材料和调味料一起混匀即可。

葱

酱油

应用：用于腌渍肉类食物。

保存：室温下可保存2天，冷藏可保存15天。

烹饪提示：酒选用韩式调味酒为佳。

推荐菜例

红烧童子鸡

益气养血，补肾益精

原材料 童子鸡1只，红辣椒、青辣椒、葱末、蒜粒、洋葱各适量

调味料 辣味腌肉酱、盐各适量

做法

1. 将鸡切成4厘米长的小块，用辣味腌肉酱和盐腌渍入味。
2. 将腌渍过的鸡块在锅里轻轻翻炒，注水，使之淹过鸡肉，用小火慢炖。
3. 将洋葱、红辣椒、青辣椒切成丁。
4. 待锅内的水快煮干时，加入洋葱、辣椒、蒜粒爆炒片刻即可。

海山甘草拌酱

原材料 甘草粉3克

调味料 冰糖4克，海山酱8克，味精2克，酱油膏15克，香醋5毫升

做法

1. 将原材料与调味料混合。
2. 加清水一同搅拌，置火上烧开即可。

应用： 用于拌食肉类、海鲜类食物。

保存： 室温下可保存2天，冷藏可保存20天。

烹饪提示： 甘草粉也可用甘草片代替，放入同煮，味道同样好。

推荐菜例

锅巴鳝鱼

补中益血，强筋健骨

原材料 鳝鱼400克，锅巴100克，青椒、红椒各适量

调味料 盐3克，酱油20毫升，料酒少许，海山甘草拌酱、油各适量

做法

1. 将鳝鱼洗净，切段；将锅巴掰成块；将青椒、红椒洗净，切片。
2. 锅内注油烧热，放入鳝鱼翻炒至将熟，加入锅巴、青椒、红椒翻炒匀。
3. 炒熟后，加入盐、酱油、料酒、海山甘草拌酱调味，起锅装盘即可。

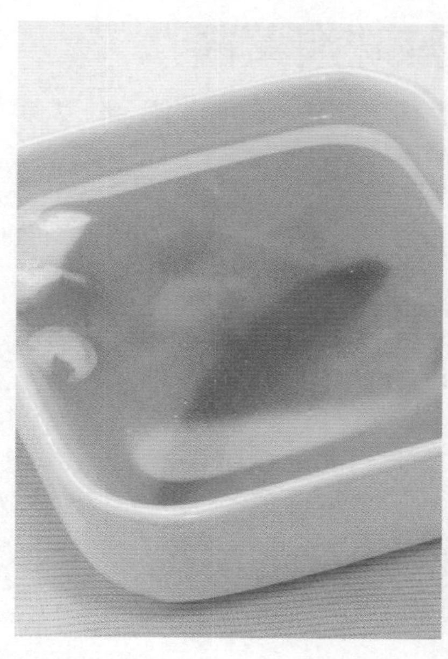

酸辣味泡菜酱

原材料 姜50克，辣椒90克，大蒜70克
调味料 盐、味精、白醋、糖各适量

做法

1. 将姜、辣椒、大蒜洗净剁碎。
2. 将所有的原材料和调味料一起搅拌均匀即可。

应用：用于腌渍蔬菜。
保存：室温下可保存3天，冷藏可保存40天。
烹饪提示：老姜的口味比较辛辣，适合口味重的人。

推荐菜例

酱萝卜丝

开胃健脾，顺气化痰

原材料 白萝卜1个，糯米粉、大蒜、生姜、葱、芥菜、芝麻各适量
调味料 粗盐、辣椒粉、糖、酸辣味泡菜酱各适量

做法

1. 将萝卜切成2厘米宽、2.5厘米长的块，撒上粗盐和糖腌渍。
2. 将葱和芥菜切成5厘米长的段。
3. 在萝卜块上拌上辣椒粉，将糯米粉和水一起入锅煮成糊后冷却。
4. 将葱、芥菜、大蒜、生姜、糯米糊加入萝卜中，再加入酸辣味泡菜酱拌匀，撒上芝麻即可。

辣味泡菜酱

原材料 青椒、姜、糯米糊、葱、大蒜各适量

调味料 盐15克，糖10克，虾酱适量

做法

1. 将青椒、姜、大蒜、葱分别洗净，切成末。
2. 将原材料和调味料一起放入果汁机搅打均匀即可。

应用： 用于腌渍蔬菜。

保存： 室温下可保存2天，冷藏可保存15天。

烹饪提示： 水加糯米煮至浓稠时即成糯米糊。

推荐菜例

辣白菜

利膈宽肠，益胃生津

原材料 白菜、萝卜丝、葱丝、芥菜段、蒜泥、姜泥、牡蛎各适量

调味料 盐、辣椒粉、糖各适量，辣味泡菜酱适量

做法

1. 将白菜洗净，加盐腌渍；在萝卜丝上撒上泡湿的辣椒粉，调拌均匀，放入芥菜和牡蛎，轻拌后入盐。
2. 在泡菜坛子里整齐地放入做法1中的腌渍白菜等材料。
3. 将水、葱丝、蒜泥、姜泥、糖与辣味泡菜酱均匀地放在泡菜上，最后将白菜压实封存一段时间即可。

四川麻辣鲜拌酱

原材料 姜15克

调味料 白醋10毫升，花椒粉少许，甜面酱20克，辣椒酱20克，油适量

做法

1. 将姜洗净，切末。
2. 油锅烧热，入姜末炒香，加甜面酱、辣椒酱、白醋、花椒粉拌匀即可。

应用：用于拌食肉类、鱼类食物。

保存：室温下可保存2天，冷藏可保存15天。

烹饪提示：辣椒可以选用四川正宗朝天椒。

推荐菜例

香辣虾

养血固精，益气壮阳

原材料 虾300克，蒜苗50克，干辣椒50克

调味料 盐3克，味精2克，料酒、麻油、油各适量，四川麻辣鲜拌酱适量

做法

1. 将蒜苗洗净，切斜段；将干辣椒洗净，切段；将虾洗净。
2. 油锅烧热后，烹入料酒，倒入虾炒至八成熟。
3. 加入蒜苗、干辣椒，加入盐、味精、麻油、四川麻辣鲜拌酱，炒熟后装盘即可。

腌牛柳酱汁

原材料 鸡蛋1个，玉米粉适量

调味料 盐3克、糖5克，木瓜精、小苏打、米酒、麻油各适量

做法

1. 将鸡蛋搅散，加入盐、糖、木瓜精、玉米粉、小苏打、米酒和麻油。
2. 将它们混合均匀即可。

应用：可用于腌渍肉类食物。

保存：室温下可保存3天，冷藏可保存20天。

烹饪提示：可加入米醋来调制此酱。

推荐菜例

招牌下酒菜

益气壮阳，补血养颜

原材料 酱猪小肠、海参、虾仁、鱿鱼花、青尖椒、红尖椒、熟花生米各适量

调味料 盐、鸡精、淀粉、油各适量，腌牛柳酱汁适量

做法

1. 将海参、虾仁、鱿鱼花切件，汆水以后待用。
2. 将酱猪小肠切成块，拍淀粉，入热油中炸好待用。
3. 锅中入油烧热，倒入青尖椒、红尖椒微炒，加入海参、虾仁、鱿鱼花，再倒入炸好的猪小肠和熟花生米，淋入用盐、鸡精、淀粉调成的芡汁及腌牛柳酱汁，翻匀，出锅装盘即可。

甜椒拌酱

原材料 猪肉10克

调味料 糖10克，辣椒酱15克，酱油10毫升，醋、白酒各8毫升，味精3克，胡椒粉2克，麻油、油各适量

做法

1. 将猪肉洗净，切末。
2. 油锅烧热，入肉末炒香，调入白酒、酱油等其他调味料即可。

应用：适用于拌或者炒海鲜、肉品的菜肴。

保存：室温下可保存2天，冷藏可保存18天。

烹饪提示：不喜欢喝酒的可用清酒代替白酒。

推荐菜例

椒盐虾

益气壮阳，通络止痛

原材料 虾250克，干辣椒30克，葱8克，姜3克

调味料 粗盐50克，蚝油5毫升，甜椒拌酱、油各适量

做法

1. 将虾洗净，剪去须和胸足；将干辣椒洗净，切小块；将葱洗净切成段；将姜洗净切丝。
2. 油锅烧热，倒入虾，炸2分钟捞出；把粗盐倒入锅内，翻炒至发烫，再入干辣椒翻炒。
3. 将虾倒入翻炒，再加葱段、姜丝、蚝油、甜椒拌酱炒匀，关火，盖上盖，闷8分钟，盛盘即可。

辣椒芝麻酱

原材料 葱、熟芝麻各5克

调味料 酱油25毫升，麻油5毫升，辣椒粉8克，生抽12毫升

做法

1. 将葱洗净，切葱花。
2. 将原材料、调味料加冷开水一起搅拌均匀即可。

应用： 用于佐面、拌饭。

保存： 室温下可保存2天，冷藏可保存14天。

烹饪提示： 辣椒粉选用韩式的，不会很辛辣。

推荐菜例

黄瓜拌凉粉

滋阴润燥，通利肠胃

原材料 凉粉、胡萝卜丝、黄瓜、牛肉、紫菜末、泡菜、黄豆芽、红辣椒、灯笼椒、葱末各适量，鸡蛋1个

调味料 黑胡椒、酱油、盐、醋、麻油、糖、油各适量，辣椒芝麻酱适量

做法

1. 将凉粉切条，泡菜切丝，以麻油和糖拌之；将牛肉切丝，以葱末、酱油、黑胡椒腌渍后炒熟；将黄豆芽拌麻油；将灯笼椒、红辣椒切丝。
2. 将黄瓜切丝，撒少许盐腌渍后入锅翻炒；将鸡蛋煎薄片切丝；将所有原材料拌一起，加入少许盐、醋、辣椒芝麻酱拌匀，再撒上紫菜末即可。

红曲沙拉拌酱

调味料 红曲酱15克，沙拉酱60克

做法

1. 将上述调味料依次放碗里。
2. 将它们混合搅拌均匀即可。

应用： 用于凉拌类食物。

保存： 室温下可保存3天，冷藏可保存17天。

烹饪提示： 沙拉酱与红曲酱都比较浓稠，调制时需充分拌匀。

推荐菜例

土豆玉米沙拉

和胃健中，排毒瘦身

原材料 土豆300克，黄瓜、番茄各80克，罐头玉米50克，生菜30克

调味料 盐适量，红曲沙拉拌酱适量

做法

1. 将生菜洗净，放在盘底；将黄瓜洗净，切成段；将土豆洗净，去皮，切小块备用；将番茄洗净，切片。
2. 将土豆放入清水锅中，加盐煮好，捞出，压成泥。
3. 将土豆泥、番茄装盘，加入罐头玉米，将黄瓜段上的皮削下撒在上面，食用时拌入红曲沙拉拌酱即可。

榨菜蒜拌酱

原材料 葱、大蒜、榨菜、芝麻、辣椒、高汤各适量

调味料 芝麻酱、酱油、红油、油各适量

做法

1. 将葱、大蒜、辣椒都洗干净，切末。
2. 油锅烧热，放入蒜末、辣椒末、榨菜炒香，调入所有调味料炒匀，加入高汤烧开，撒上葱末、芝麻即可。

应用：用于凉拌类食物。

保存：室温下可保存5天，冷藏可保存24天。

烹饪提示：榨菜偏咸，所以做此酱时不需再加盐了。

推荐菜例

芹菜拌香干

滋补养心，健脾宽中

原材料 芹菜100克，香干200克，红辣椒少许

调味料 盐3克，味精1克，醋6毫升，麻油10毫升，榨菜蒜拌酱适量

做法

1. 将芹菜洗净，切长段；将香干洗净，切条；将红辣椒洗净，切丝。
2. 锅内注水烧沸，放入芹菜、香干、红辣椒丝焯熟后，捞起沥干水分并装入盘中。
3. 加入盐、味精、醋、麻油、榨菜蒜拌酱拌匀即可。

烧肉味噌酱

调味料 味噌50克，味啉20毫升，薄盐酱油15毫升

做法

1. 将所有的调味料加冷开水。
2. 然后一起混合搅拌均匀即可。

味噌

薄盐酱油

应用：用于拌或炒肉类食物。
保存：室温下可保存3天，冷藏可保存14天。
烹饪提示：做酱时要用冷开水，以利于保存。

推荐菜例

烧汁鱿鱼圈

滋阴养胃，补虚润肤

原材料 鱿鱼150克，干辣椒、葱、大蒜各15克

调味料 烧肉味噌酱适量，盐3克，蚝油、油各适量

做法

1. 将鱿鱼清洗干净。
2. 将干辣椒洗净以后切成小圈；将葱洗干净，切成细丝；将大蒜剥去皮以后洗干净，切成小片。
3. 炒锅置火上，放油烧至六成热，入蒜片煸香，放入鱿鱼圈，炒至七成熟，再加入干辣椒圈翻炒几下，放盐、烧肉味增酱和蚝油炒匀，撒入葱丝再炒匀，盛盘即可。

辣芝麻拌酱

原材料 白芝麻适量

调味料 醋、酱油各8毫升，红油适量

做法

1. 将上述原材料与调味料依次放碗里。
2. 将它们混合搅拌均匀即可。

白芝麻

醋

应用：用于拌食蔬菜类食物。

保存：室温下可以保存1天，冷藏可以保存5天。

烹饪提示：红油辣味十足，用辣椒末代替或加多点芝麻可降低其辛辣味。

推荐菜例

剁椒茄条

降压降脂，防治胃癌

原材料 茄子250克，红椒、葱各25克

调味料 盐3克，味精3克，红油20毫升，麻油10毫升，辣芝麻拌酱适量

做法

1. 将茄子洗净，切成长条，放开水中焯熟，捞出沥干水，装盘摆好。
2. 将红椒洗净，剁碎；将葱洗净，切成葱花。
3. 将辣芝麻拌酱与葱花、红椒和其他调味料同拌，淋在茄子条上即可。

茄子

红椒

豆酱蒜腌酱

原材料 红椒20克，大蒜15克

调味料 豆酱水15毫升，酱油6毫升，麻油5毫升，盐少许

做法

1. 将红椒洗净后切丝；将蒜洗净切末。
2. 将蒜末、红椒丝混合，调入豆酱水、酱油、盐、冷开水一起拌匀，淋入麻油即可。

应用：适合用来腌渍蔬菜。

保存：室温下可保存2天，冷藏可保存10天。

烹饪提示：此酱中若加入适量蜂蜜，可更香甜。

推荐菜例

豆腐烧肠

益气补虚，增强记忆力

原材料 豆腐400克，肥肠100克，葱6克，姜末5克，大蒜5克

调味料 盐3克，鸡精2克，料酒2毫升，豆酱蒜腌酱、油各适量

做法

1. 将豆腐略洗，切细丁；将肥肠洗净，切小块，放入豆酱蒜腌酱腌渍；将大蒜洗净，切末；将葱切葱花。
2. 锅中加水上火，将水烧开，下豆腐焯一下，捞出；净锅上火，加油烧热，下姜、大蒜炒香，放入肥肠炒熟，加入少许清水煮沸。
3. 加入豆腐丁，烧开后放入盐、鸡精、料酒、葱花炒匀即可。

甜辣腌肉酱

调味料 酱油30毫升，辣椒粉10克，糖25克，麻油20毫升

做法

1. 将上述调味料依次放碗里。
2. 将它们混合搅拌均匀即可。

酱油

糖

应用：用于腌渍肉或凉拌海鲜食物。

保存：室温下可保存2天，冷藏可保存15天。

烹饪提示：搅拌酱时一定要充分，这样风味才好。

推荐菜例

家常鸡

益气养血，补肾益精

原材料 鸡肉300克，灯笼椒3个，上汤、姜、葱、大蒜各适量

调味料 植物油、酱油、豆瓣酱、麻油、盐、味精各适量，甜辣腌肉酱适量

做法

1. 将鸡肉洗净切丁，放入甜辣腌肉酱腌渍；将灯笼椒洗净，切斜刀片待用。
2. 炒锅上火，加油烧热，爆香姜、葱、大蒜，放入鸡肉丁炒熟。
3. 加入酱油、豆瓣酱、麻油、盐、味精、上汤和灯笼椒一起炒匀，起锅装盘即可。

醋香芝麻酱

原材料 黑芝麻15克，葱5克

调味料 水果醋20毫升，酱油、清酒各8毫升，味啉6毫升，麻油5毫升，盐3克

做法

1. 葱洗干净，切成葱花；锅置火上，用小火炒香黑芝麻。
2. 再混合所有的原材料和调味料调和均匀即可。

应用：用于拌食面食或肉类菜肴。

保存：室温下可保存2天，冷藏可保存10天。

烹饪提示：将黑芝麻炒香后磨碎，香味更加浓郁。

推荐菜例

东坡肉

滋阴润燥，补血养颜

原材料 五花肉250克，干瓢、红泡椒、海带结各20克

调味料 盐3克，味啉、酱油各20毫升，醋香芝麻酱适量

做法

1. 将原材料洗净；将五花肉切块，加入酱油腌渍。
2. 煮锅置于火上，放入清水烧开，放入盐、味啉、酱油、海带结、干瓢，煮10分钟，待香气浓郁时，放五花肉块，盖上锅盖，大火煮15分钟，待五花肉熟透，捞出，放上红泡椒，配上醋香芝麻酱食用即可。

辣椒蒜拌酱

原材料 姜15克，洋葱、大蒜各10克，辣椒8克

调味料 糖、麻油、酱油、胡椒粉、盐、油各适量

做法

1. 将原材料洗净。
2. 油锅烧热，放入姜、洋葱、大蒜、辣椒炒香，调入糖、酱油、胡椒粉、盐拌匀，淋入麻油即可。

应用：适合拌食肉类食物。

保存：室温下可保存2天，冷藏可保存14天。

烹饪提示：将洋葱、大蒜切成末，香味更能散发出来。

推荐菜例

牛肉拌牛杂

滋养脾胃，强健筋骨

原材料 牛肉、牛杂各200克，青椒圈、红椒圈各50克，葱花20克，老卤水、熟芝麻各适量

调味料 红油15毫升，盐3克，辣椒蒜拌酱适量

做法

1. 将牛肉、牛杂洗净汆水，倒入老卤水中续煮，晾凉后切大片。
2. 将辣椒蒜拌酱与牛肉、牛杂、红油一起拌匀，加盐和青椒圈、红椒圈，撒上熟芝麻和葱花即可。

牛肉

红椒圈

蒜辣凉拌酱

原材料 大蒜、辣椒各15克，芝麻10克

调味料 糖10克，白醋50毫升，盐3克，香菇粉8克

做法

1. 将大蒜去皮洗净剁泥；将辣椒洗净切丁。
2. 将白醋、蒜泥、辣椒丁、糖、芝麻、香菇粉、盐混合拌匀即可。

应用：用于凉拌类食物。

保存：室温下可保存2天，冷藏可保存15天。

烹饪提示：如果不能吃辣，可将辣椒籽去掉。

推荐菜例

一品豆腐

滋补养心，健脾宽中

原材料 豆腐400克，腌萝卜30克，皮蛋30克，红椒、葱各少许

调味料 蒜辣凉拌酱适量

做法

1. 将豆腐用热水焯过后切成大小合适的块状；将腌萝卜、皮蛋、红椒清洗干净后切成丁；将葱洗净后切成段。
2. 在豆腐丁上撒上腌萝卜丁、皮蛋丁、红椒丁、葱段后，配以蒜辣凉拌酱一起食用即可。

豆腐

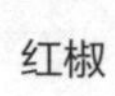

红椒

腊肠蚝油拌酱

原材料 大蒜15克，姜末、熟腊肠、葱各适量

调味料 酱油10毫升，糖8克，酒、蚝油、油各少许

做法

1. 将大蒜、葱洗净，葱切葱花。
2. 油锅烧热，入大蒜、姜炒香，加熟腊肠略炒，入酱油、蚝油、酒烧开。
3. 调入糖，撒上葱花即可。

应用： 适合拌食各类面食。

保存： 室温下可保存2天，冷藏可保存10天。

烹饪提示： 做此酱时用猪油、橄榄油都可以。

推荐菜例

红烧牛筋面

补中益气，增强免疫力

原材料 面条250克，牛筋500克，小白菜150克，葱、大蒜、姜、牛肉汤汁各适量

调味料 盐、麻油、酱油各适量，腊肠蚝油拌酱适量

做法

1. 将葱洗净切末；将小白菜切段焯烫；将姜洗净切片。
2. 将牛筋切成大块，加入水、大蒜、酱油、盐、姜烧开以后，转用小火续焖煮至牛筋软烂。
3. 将面条先煮熟，置于碗内，加入牛筋、牛肉汤汁、小白菜、葱末、麻油、腊肠蚝油拌酱即可。

香卤拌酱

原材料 五花肉50克，姜8克，大蒜15克

调味料 盐、酱油、白醋、糖、油、五香粉各适量

做法

1. 将姜、五花肉、大蒜洗净，切末。
2. 油锅烧热，入肉末、蒜末、姜末炒香，加入酱油、白醋稍炒。
3. 调入盐、糖、五香粉拌匀即可。

应用：适用于拌食肉类食物。
保存：室温下可保存2天，冷藏可保存10天。
烹饪提示：五花肉可用下颚肉代替。

推荐菜例

鸿运发财鸡

益气养血，补肾益精

原材料 鸡650克，葵花子仁、红椒、葱、芝麻各适量

调味料 盐、油、红油、香卤拌酱各适量

做法

1. 将鸡洗净，放入开水中烫熟，捞出沥干水分，晾凉切开装盘；将葱洗净，切碎；将红椒洗净，切碎；将葵花子仁洗净。
2. 油锅烧热，放入葵花子仁、红椒、芝麻，放盐、红油、葱、清水调成味汁，再加入香卤拌酱调匀，淋在鸡上即可。

豆豉蒸排骨腌酱

调味料 淀粉10克，豆豉20克，糖、香菇粉、盐、梅酱、胡椒粉、蚝油各适量

做法

1. 将糖、盐、香菇粉、梅酱、胡椒粉、蚝油加冷开水混合。
2. 再拌入豆豉及淀粉搅拌均匀即可。

应用： 用于腌渍肉类食物。
烹饪提示： 若无香菇粉，也可用鸡精或者味精代替。

推荐菜例

周庄酥排

滋阴壮阳，益精补血

原材料 排骨600克，葱3克，姜5克

调味料 鸡精5克，糖10克，胡椒粉少许，桂皮少许，排骨酱5克，豆豉蒸排骨腌酱适量

做法

1. 将排骨斩成约5厘米长的段，放入豆豉蒸排骨腌酱腌渍半小时；葱、姜切末。
2. 将排骨入沸水锅中汆烫净血水，捞出沥干，加入葱、姜和调味料拌匀。
3. 然后上蒸锅蒸1.5小时即可。

葱

糖

香腌酱

原材料 葱8克

调味料 葱油25毫升，麻油10毫升，酱油40毫升，柚子醋15毫升

做法

1. 将葱洗净，切葱花。
2. 将原材料与调味料混匀即可。

应用：用于腌渍肉类食物。

保存：室温下可保存6天，冷藏可保存10天。

烹饪提示：将葱白浇上热麻油，再加盐、味精即可调制成葱油。

推荐菜例

酱卤鸡

补肾益精，养心安神

原材料 鸡1只，麦芽糖适量

调味料 味精3克，生抽15毫升，老抽10毫升，月桂叶2片，八角8克，桂皮10克，香腌酱适量

做法

1. 将鸡宰杀后处理干净，加香腌酱腌渍1小时。
2. 将其余调味料调匀，加入适量水烧开，放入鸡卤至熟。
3. 将卤鸡捞出后，撒上麦芽糖，切成块状即可上桌。

酱油烧肉腌酱

原材料 熟白芝麻15克，苹果30克，大蒜12克，葱适量

调味料 麻油20毫升，姜汁10毫升，糖15克，生抽15毫升，酒20毫升

做法

1. 将苹果、大蒜洗净，分别剁成泥；将葱洗净，切成末。
2. 将所有原材料入锅加热，放凉后和调味料一起混匀即可。

应用：可作为肉类、海鲜的腌酱。

保存：室温下可以保存2天，冷藏可以保存6天。

烹饪提示：苹果需要现用现切，不然会氧化发黑。

推荐菜例

烧烤牛肉

补中益气，滋养脾胃

原材料 牛肉、生菜、茼蒿、芝麻叶、蒜苗、葱花、蒜片各适量

调味料 盐、酱油烧肉腌酱各适量

做法

1. 将牛肉切成小块，再加入酱油烧肉腌酱、蒜片、葱花、盐进行腌渍，使之入味。
2. 将腌入味的牛肉放入烤架或者烤盘上，用炭火烤，用生菜、芝麻叶、茼蒿和蒜苗做配菜，风味绝佳。

洋葱烤肉腌酱

原材料 姜、红椒、洋葱、蒜各15克

调味料 糖、酱油、酒、白醋、香菇粉各适量

做法

1. 将姜、蒜切末；将红椒切丝；将洋葱切片。
2. 将姜末、红椒丝、蒜末、洋葱片、酒、白醋混合，调入糖、酱油、香菇粉搅拌均匀即可。

应用： 可用于腌渍肉类。

保存： 室温下可保存5天，冷藏可保存25天。

烹饪提示： 香菇粉可以用味精或蘑菇粉代替。

推荐菜例

酱猪蹄

补虚填精，改善睡眠

原材料 猪蹄500克

调味料 盐5克，鸡精3克，酱油3毫升，白糖5克，八角、桂皮、茴香各少许，洋葱烤肉腌酱、油各适量

做法

1. 将除洋葱烤肉腌酱和油外的所有调味料制成卤水，下入洗净的猪蹄，卤至表皮红亮，捞出备用。
2. 将卤好的猪蹄斩成大块。
3. 锅上火，下油烧热，下入卤好的猪蹄块稍炒收汁后，下入洋葱烤肉腌酱炒匀即可。

芝麻高汤拌酱

原材料 高汤80毫升，姜15克，大蒜、熟芝麻各8克

调味料 芝麻酱、芥末酱各20克，酱油35毫升，醋、红油、麻油各8毫升

做法

1. 将姜洗净，切末；将大蒜去皮洗净，切末。
2. 将高汤烧开，入姜末、蒜末、熟芝麻及所有调味料混合均匀即可。

应用：适合用来拌食面食、蔬菜。

保存：室温下可以保存2天，冷藏可以保存8天。

烹饪提示：芥末酱有特殊味道，用量因人而异。

推荐菜例

手撕泡包菜

清热止痛，补养五脏

原材料 包菜250克，葱丝、红椒丝各少许

调味料 盐、味精、冰糖粉、白醋、酱油各适量，芝麻高汤拌酱适量

做法

1. 将包菜洗净，一层层地剥开，放入开水中焯一下，捞起，晾干水分；将白醋与盐、味精、酱油拌匀。
2. 将包菜放一层到罐中，上面放一层冰糖粉，再放上一层包菜，最后用白醋将包菜浸没，盖紧盖子，放入冰箱冷藏，3天以后可拿出。
3. 倒入芝麻高汤拌酱拌匀，撒上葱丝、红椒丝即可。

腐乳豆瓣腌酱

原材料 腐乳100克，姜20克，大蒜8克

调味料 糖40克，鸡精8克，豆瓣酱25克

做法

1. 将姜洗净，切末；将大蒜去皮洗净，切末。
2. 将腐乳、豆瓣酱、姜末、蒜末、糖、鸡精充分搅拌均匀即可。

应用：用于腌渍鱼类、肉类食物。

保存：室温下可保存5天，冷藏可保存30天。

烹饪提示：鸡精也可用味精来代替。

推荐菜例

叉烧肉

滋阴润燥，补血养颜

原材料 猪瘦肉300克

调味料 蜂蜜10毫升，糖少许，腐乳豆瓣腌酱适量

做法

1. 将猪瘦肉用水洗干净，切成均匀的片状，再用腐乳豆瓣腌酱腌渍30分钟。
2. 将腌好的瘦肉片以叉子串起，放入烤炉中烤20分钟后取出。
3. 将烤好的瘦肉片放入盘中，淋上用蜂蜜、糖调成的汁即可。

猪瘦肉

蜂蜜

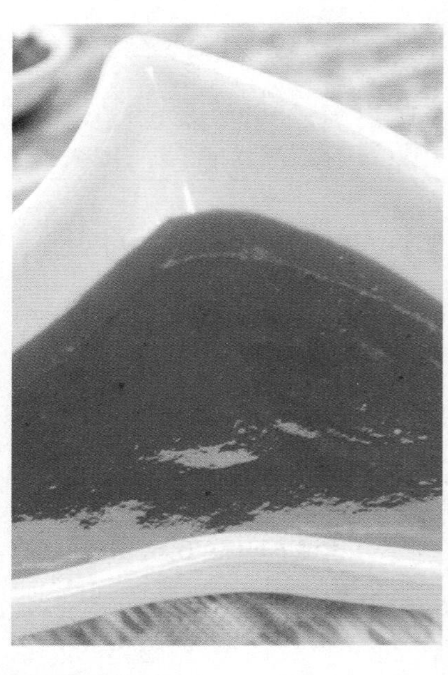

韩式鲜辣酱

调味料 韩国辣椒酱50克，酱油10毫升，韩式辣椒粉15克，清酒、味啉、麻油各8毫升，姜汁10毫升，蒜汁15毫升

做法

1. 锅置火上，依次加入韩国辣椒酱、酱油及清水，以小火煮沸，然后放入韩式辣椒粉拌匀。
2. 放入其余调味料调匀，烧开即可。

应用： 用于腌渍海鲜、肉类。
烹饪提示： 腌渍海鲜的时候，多以辣椒来提鲜。

推荐菜例

炒年糕

补中益气，增强免疫力

原材料 年糕300克，牛肉115克，胡萝卜115克，竹笋50克，干香菇3个，黄瓜半根

调味料 酱油10毫升，糖5克，韩式鲜辣酱适量

做法

1. 将年糕切成块，焯水后浸入冷水中；将牛肉切条，用韩式鲜辣酱腌渍；将胡萝卜、竹笋、干香菇、黄瓜切条。
2. 将腌渍好的牛肉条放入锅内炒熟，加入蔬菜、年糕和水，煮沸，用糖和酱油调味，搅匀即可。

酸辣汤酱

原材料 番茄、洋葱、大虾高汤、香菜各适量，红葱头10克

做法

1. 将番茄、洋葱洗净，切块；将香菜洗净，切成末；将红葱头洗净，切片。
2. 锅置火上，烧开高汤，加入其余原材料，再次烧开即可。

应用： 用于腌拌海鲜、蔬菜等。

保存： 室温下可保存2天，冷藏可保存12天。

烹饪提示： 酱汁烧开后盖锅焖一下。

草莓味啉酱

原材料 草莓15克

调味料 味啉6毫升，鲜味露4毫升，蜂蜜10毫升，OK酱10克

做法

1. 将草莓洗净，切丁后放入容器。
2. 混合所有调味料搅匀即可。

应用： 用于拌生菜沙拉、配食吐司面包等。

保存： 室温下可以保存2天，冷藏可以保存6天。

烹饪提示： 蜂蜜可用糖水代替，浓度根据个人喜好而定。

咸鱼火腿拌酱

原材料 朝天椒、咸鱼、火腿、虾米、干贝各30克，红葱头、大蒜各适量

调味料 辣椒汁、油各适量

做法

1. 将朝天椒、虾米洗净；将火腿切丝。
2. 油锅烧热，入蒜、红葱头、朝天椒、咸鱼、火腿丝、虾米、干贝炒香，调入辣椒汁和熟油混合均匀即可。

应用： 用于拌食肉类、海鲜类食物。

保存： 室温下可保存2天，冷藏可保存18天，冷冻可保存35天。

烹饪提示： 将原材料同炒后再做酱，可以使酱料更入味。

橄榄菜肉末拌酱

原材料 橄榄菜25克，猪肉20克，姜、大蒜、葱各适量

调味料 盐3克，白醋10毫升，油适量

做法

1. 将猪肉、姜、蒜洗净，切成末；将葱切葱花。
2. 油锅烧热，入肉末、姜末、蒜末、葱花炒香，加入橄榄菜同炒片刻，调入盐、白醋拌匀即可。

应用： 用于拌食各种肉类、海鲜等。

保存： 室温下可保存2天，冷藏可保存8天。

烹饪提示： 为使酱汁更美观，葱也可在最后放入。

芝麻拌面酱

原材料 白芝麻6克

调味料 黑醋10毫升，酱油10毫升，糖8克，麻油5毫升

做法

1. 将原材料与调味料混合。
2. 加入适量冷开水拌匀即可。

应用： 适合用来拌面。

保存： 室温下可保存3天，冷藏可保存18天。

烹饪提示： 做此酱时，加入适量红油可提升风味。

肉臊拌酱

原材料 猪肉30克，白芝麻10克，大蒜15克

调味料 白糖4克，五香粉3克，酱油8毫升，高粱酒5毫升，油适量

做法

1. 将猪肉洗净切末；将大蒜洗净切末。
2. 油锅烧热，放入蒜末、肉末、白芝麻同炒，调入白糖、五香粉、酱油、高粱酒拌匀，加适量清水烧开即可。

应用： 用于拌食面条、饭、蔬菜等。

保存： 室温下可保存1天，冷藏可保存7天。

烹饪提示： 水量以盖过肉末为准。

甜鸡凉拌酱

原材料 辣椒、香菜、大蒜各适量

调味料 甜鸡酱20克，柠檬汁20毫升，糖5克，鱼露8毫升

做法

1. 将辣椒洗净，切成圈；将香菜洗净，切末；将大蒜去皮，切末。
2. 将所有原材料和调味料混匀即可。

应用： 用于凉拌肉类、海鲜类、蔬菜类等菜肴。

保存： 室温下可保存2天，冷藏可保存12天。

烹饪提示： 香菜宜用菜梗部分。

虾酱凉拌酱

调味料 柠檬汁50毫升，虾酱30克，麻油20毫升

做法

1. 将上述调味料依次放碗里。
2. 将它们混合搅拌均匀即可。

应用： 用于凉拌菜。

保存： 室温下可保存2天，冷藏可保存15天。

烹饪提示： 虾酱分为辣与不辣两种，使用时根据个人口味选择。

味噌甜腌酱

原材料 姜15克

调味料 味噌100克，糖60克，酒适量

做法

1. 将姜洗净，剁碎。
2. 将原材料和调味料一起拌匀即可。

应用：用于腌渍肉类食物。
保存：室温下可保存4小时，冷藏可保存2天。
烹饪提示：用蜂蜜代替糖做酱，味道也很好。

泡菜辣腌酱

原材料 大蒜适量

调味料 盐8克，糖15克，韩式辣椒酱、辣椒粉、鱼露各适量

做法

1. 将大蒜去皮，切末。
2. 将盐、糖、韩式辣椒酱、辣椒粉、鱼露混合，加入蒜末拌匀即可。

应用：可用于腌大白菜、肉类等。
保存：室温下可保存2天，冷藏可保存18天，冷冻可保存60天。
烹饪提示：可先将大蒜拍松，易于剥除蒜皮。

高汤黑椒拌酱

原材料 高汤150毫升

调味料 糖8克，黑胡椒粉200克，味精4克，水淀粉5毫升，OK酱30克，老抽5毫升，蚝油10毫升

做法

1. 锅置火上，注入高汤烧开。
2. 调入黑胡椒粉、糖、味精、OK酱、老抽、蚝油搅匀，以水淀粉勾芡即可。

应用： 用于拌食肉类食物。

保存： 室温下可保存4天，冷藏可保存22天。

烹饪提示： OK酱可用辣酱油代替。

肉丁凉拌酱

原材料 苹果8克，大蒜、五花肉、虾米各适量

调味料 酱油120毫升，糖、香菇粉各5克，油适量

做法

1. 将蒜、五花肉、虾米洗净；将蒜切末；将五花肉切丁；将虾米切碎。
2. 油锅烧热，入蒜末、虾米碎炒香，下五花肉丁同炒，调入苹果丁、酱油、糖、香菇粉拌匀即可。

应用： 用于凉拌食物。

保存： 室温下可保存3天，冷藏可保存20天。

烹饪提示： 五花肉肥瘦肉的厚度正好。

混合芝麻拌酱

调味料 芝麻酱20克，花生酱15克，盐2克，胡椒粉3克，麻油5毫升

做法

1. 将上述调味料依次放入碗里。
2. 将它们混合搅拌均匀即可。

应用： 适用于拌食肉类、海鲜等。

保存： 室温下可保存1天，冷藏可保存7天。

烹饪提示： 将芝麻酱放入锅中炒香后再拌入。

干面拌酱

调味料 酱油30毫升，醋20毫升，麻油5毫升，味精2克

做法

1. 将上述调味料依次放入碗里。
2. 将它们混合搅拌均匀即可。

应用： 适合用来拌面、拌饭等。

保存： 室温下可保存2天，冷藏可保存10天。

烹饪提示： 可以加点辣酱来加重酱汁的口味，因人而异。

东北大酱

原材料 青椒、红椒各10克，大蒜10克，洋葱15克

调味料 海鲜酱35克，油5毫升

做法

1. 将青椒、红椒和洋葱洗净；将大蒜洗净切成末。
2. 油锅烧热，入青椒、红椒、蒜末、洋葱炒香，调入海鲜酱拌匀即可。

应用：用于腌拌肉类、海鲜等。
保存：室温下可保存3天，冷藏可保存20天。
烹饪提示：腌渍食物时间不宜过长，以免破坏其有效成分。

柠檬汁拌酱

原材料 碳酸饮料30毫升、柠檬片适量

调味料 盐3克，白醋60毫升，糖30克，柠檬汁20毫升

做法

1. 将上述原材料与调味料依次放碗里。
2. 将它们混合搅拌均匀即可。

应用：用于腌拌肉类、鱼类食物。
保存：室温下可保存4天，冷藏可保存25天。
烹饪提示：柠檬汁酸味重，再加白醋时要适量。

蜜糖汁拌酱

调味料 蜂蜜20毫升，糖10克

做法

1. 将蜂蜜加入适量冷开水调匀。
2. 再调入白糖拌匀即可。

蜂蜜

糖

应用：用于腌拌各种肉类、海鲜等。

保存：室温下可保存2天，冷藏可保存17天。

烹饪提示：市场上的人工合成蜂蜜较多，选购时要注意。

红油甜醋拌酱

原材料 葱10克，大蒜8克，芝麻2克

调味料 红油15毫升，酱油10毫升，花椒粉2克，糖10克，白醋2毫升

做法

1. 将大蒜去皮洗净切末；将葱洗净，切成末。
2. 将红油、酱油、葱末、蒜末、芝麻、花椒粉、白醋、糖混合拌匀即可。

应用：用于凉拌食物。

保存：室温下可保存4天，冷藏可保存18天。

烹饪提示：此酱中的白醋如果换成米醋，风味更佳。

蔬菜拌酱

原材料 综合蔬菜汁20毫升

调味料 盐3克，糖10克，番茄酱30克，OK汁10毫升，隐汁10毫升

做法

1. 将所有的原材料与调味料混匀。
2. 置火上煮开即可。

应用：用于腌拌肉类食物。

保存：室温下可保存4天，冷藏可保存25天。

烹饪提示：做此酱时，宜用小火，才能煮出味道。

芝麻大蒜酱

原材料 大蒜15克，白芝麻5克

调味料 糖8克，盐2克，麻油5毫升，味精3克，生抽适量

做法

1. 将大蒜去皮洗净，切末。
2. 将所有原材料与调味料一起混合拌匀即可。

应用：可用于腌拌肉类、海鲜等。

保存：室温下可保存3天，冷藏可保存10天。

烹饪提示：口味重的可用老抽。

甜米酒拌酱

原材料 辣椒10克，大蒜10克，甜米酒15毫升

调味料 酱油30毫升，醋45毫升，鸡精、盐各适量

做法

1. 将辣椒洗净切丝；将大蒜去皮洗净，切末。
2. 将辣椒、大蒜混合，调入甜米酒、酱油、鸡精、盐、醋拌匀即可。

应用： 用于腌拌肉类食物。

保存： 室温下可保存2天，冷藏可保存20天。

烹饪提示： 此酱在使用前再拌匀。

凉拌牛肉汁

原材料 香菜15克，洋葱10克

调味料 糖15克，鱼露20毫升，柠檬汁20毫升

做法

1. 将香菜、洋葱洗净，分别切成末。
2. 将原材料和调味料一起混合均匀即可。

应用： 适合凉拌牛肉。

保存： 室温下可以保存2天，冷藏可以保存10天。

烹饪提示： 此酱先泡一天再用，味道更佳。

醋拌酱

原材料 白芝麻、大蒜各10克

调味料 豆瓣酱10克，甜面酱30克，盐、油、白醋各适量

做法

1. 将大蒜去皮洗净切末。
2. 油锅烧热，入蒜末、甜面酱、豆瓣酱、白芝麻炒香，加清水烧开，调入盐、白醋拌匀即可。

应用：用于拌制蔬菜、面条、饭类。

保存：室温下可保存1天，冷藏可保存15天。

烹饪提示：煮至水开后方可熄火。

蒜醋香拌酱

原材料 香菜叶、大蒜各适量

调味料 辣豆瓣酱10克，红油10毫升，醋、酱油各8毫升，芝麻酱、糖各适量

做法

1. 将香菜洗净切碎；将大蒜去皮洗净，切末。
2. 将原材料与调味料混合拌匀即可。

应用：适用于拌食面食或蔬菜。

保存：室温下可保存2天，冷藏可保存10天。

烹饪提示：加醋可以调整辣味、增加香味。

麻酱拌酱

原材料 青椒15克

调味料 花椒粒10克，糖6克，芝麻酱15克，白醋、酱油各适量

做法

1. 将青椒洗净，切圈。
2. 将花椒粒、青椒圈、芝麻酱与酱油同拌，加入冷开水调匀，再入糖、白醋拌匀即可。

应用：用于拌沙拉或者炒菜。

保存：室温下可保存1天，冷藏可保存12天。

烹饪提示：芝麻酱若未用完，可置于容器中冷藏储存。

奶油咖喱酱

原材料 胡萝卜、番茄各20克，奶油适量

调味料 色拉油15毫升

做法

1. 将胡萝卜、番茄洗净，打成泥。
2. 油锅烧热，加胡萝卜泥、番茄泥炒香，倒入适量水烧开，再加入奶油同煮即可。

应用：用于腌拌肉类菜肴。

保存：室温下可保存2天，冷藏可保存15天。

烹饪提示：胡萝卜以选用色泽红润的为佳。

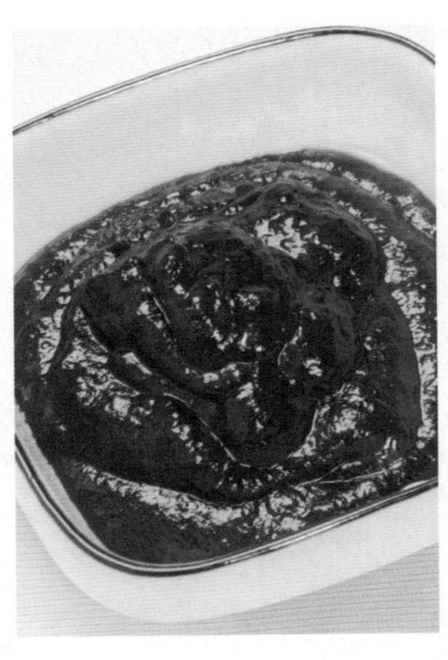

糖醋辣拌酱

调味料 辣酱油30毫升，糖醋酱30克，番茄酱50克，盐5克，味精2克，糖8克

做法

1. 将上述调味料依次放碗里。
2. 将它们混合搅拌均匀即可。

应用：用于腌拌肉类、海鲜类食物。
保存：室温下可保存2天，冷藏可保存17天。
烹饪提示：酱料自身有酸味，不用另外加入醋。

高汤甜拌酱

原材料 葱8克，高汤50毫升
调味料 糖10克，酱油膏20克

做法

1. 将葱洗净，切段。
2. 锅置火上，入高汤烧开，加糖、酱油膏、葱段拌匀即可。

应用：用于腌拌肉类、海鲜类食物。
保存：室温下可保存4天，冷藏可保存20天。
烹饪提示：煮酱汁时用中火即可。

蒜香凉拌酱

原材料 芝麻10克，大蒜10克

调味料 白糖15克，蜂蜜15毫升，醋15毫升，酱油20毫升，芝麻酱30克

做法

1. 将大蒜去皮洗净，切末。
2. 将蜂蜜与冷开水调匀，再放入蒜末、芝麻、芝麻酱、白糖、醋、酱油同拌即可。

应用：用于凉拌食物。

保存：室温下可保存4天，冷藏可保存18天。

烹饪提示：将芝麻酱冷藏后再用，酱的风味更佳。

姜葱酱

原材料 姜、葱、大蒜各30克，熟芝麻碎、红辣椒丝各适量

调味料 酱油70毫升，糖、醋、辣椒粉各适量

做法

1. 将姜、葱、大蒜洗净，将姜、大蒜切末，葱切段。
2. 将所有的原材料和调味料一起搅拌均匀即可。

应用：用于凉拌菜。

保存：室温下可保存1天，冷藏可保存10天。

烹饪提示：搅拌时应将糖充分溶解。

香草肉腌酱

原材料 干香草3克，大蒜15克，蛋清20克

调味料 白酒30毫升，柠檬汁10毫升，淀粉10克，盐、胡椒粉各适量

做法

1. 将大蒜去皮洗净，切成末；将干香草洗净，切碎。
2. 将原材料与调味料混合均匀即可。

应用：用于腌渍各类肉食品。

保存：室温下可保存1天，冷藏可保存8天。

烹饪提示：选择优质白酒，做出来的酱才别具特色。

蒜香排骨腌酱

原材料 大蒜、辣椒、鸡蛋清各适量

调味料 酱油20毫升，盐3克，糖5克，胡椒粉3克，花椒、油、豆豉各适量

做法

1. 将大蒜洗净切末；将辣椒洗净切碎。
2. 油锅烧热，下花椒、豆豉、蒜末、辣椒炒香，入鸡蛋清、酱油、盐、糖、胡椒粉、冷开水，搅匀即可。

应用：用于腌渍肉类食物。

保存：室温下可保存3天，冷藏可保存28天。

烹饪提示：此酱最好静置一天再用。

酸辣虾油酱

原材料 青椒20克，大蒜15克，椰子糖10克

调味料 虾油25毫升，柠檬汁20毫升

做法

1. 将青椒洗净，切成圈；将大蒜洗净，切末。
2. 将原材料和调味料一起混匀即可。

应用：用于拌食海鲜、蔬菜等。

保存：室温下可保存2天 ，冷藏可保存15天。

烹饪提示：可用蒜酥代替蒜蓉做酱。

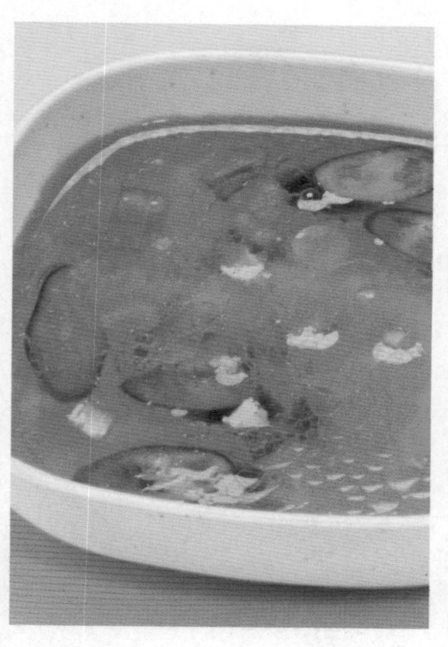

越式酸辣甜酱

原材料 红辣椒20克，大蒜15克

调味料 鱼露30毫升，糖10克，柠檬汁15毫升

做法

1. 将红辣椒洗净，切成丁；将大蒜去皮，切成蒜蓉。
2. 将原材料和调味料搅拌均匀即可。

应用：用于拌沙拉或者炒菜。

保存：室温下可以保存2天，冷藏可以保存8天。

烹饪提示：此酱中也可以用泡椒代替红辣椒，别有一番风味。

香葱椒拌酱

原材料 香菇、葱白各20克，红葱头、红椒各10克

调味料 酱油10毫升，白胡椒粉、五香粉各3克，油适量

做法

1. 将香菇、红椒洗净，切碎。
2. 油锅烧热，入香菇、红葱头、红椒炒香，加葱白同炒，调入酱油、白胡椒粉、五香粉拌匀即可。

应用：用于拌食面食和蔬菜类食物。
保存：室温下可保存2天，冷藏可保存10天，冷冻可保存20天。
烹饪提示：将香菇、红葱头先炒一下，可增加口感。

蒜味辣拌酱

原材料 葱8克，大蒜20克，姜15克

调味料 虾酱12克，糖8克，韩国辣椒酱25克，麻油8毫升

做法

1. 将葱洗净，切末；将大蒜去皮，剁成蒜蓉；将姜洗净，切丝。
2. 将原材料和调味料一起搅拌均匀，用小火煮开即可。

应用：用于拌炒海鲜。
保存：室温下可保存2天，冷藏可保存5天。
烹饪提示：此酱使用前应先拌匀。

虾米蒜香拌酱

原材料 虾米20克，蒜头酥、红葱酥、油葱酥各15克

调味料 鸡精3克，酱油、麻油、米酒各适量

做法

1. 将虾米洗净。
2. 将虾米、红葱酥、蒜头酥、油葱酥入锅稍炒，调入酱油、麻油、米酒、鸡精炒匀即可。

应用： 用于拌食米粉、面条或炒饭。

保存： 室温下可保存1天，冷藏可保存10天。

烹饪提示： 酱油也可用鳗鱼汁代替，味道更香。

红椒醋拌酱

原材料 红椒少许

调味料 辣椒粉10克，酱油45毫升，醋30毫升

做法

1. 将红椒洗净，切碎。
2. 与所有调味料一起混合均匀即可。

应用： 用于凉拌菜。

保存： 室温下可保存3天，冷藏可保存15天。

烹饪提示： 用陈醋做酱，口感更好。

烤鱼腌酱

原材料 姜、大蒜各15克，芝麻15克

调味料 味啉10毫升，糖8克，盐6克，日本酱油30毫升

做法

1. 将姜洗净，切末；将大蒜去皮洗净，切末。
2. 将所有原材料与调味料一起搅拌均匀即可。

应用：用于腌渍各类肉食品。

保存：室温下可保存2天，冷藏可保存18天。

烹饪提示：将芝麻炒熟，酱汁更香。

风味腌酱

原材料 葱、红辣椒各15克

调味料 醋、酱油、葱油各适量

做法

1. 将葱洗净，切小段；将红辣椒洗净，切段。
2. 将葱与红辣椒同拌，调入醋、酱油、葱油混合均匀即可。

应用：可用于拌食油炸蔬菜类食物。

保存：室温下可保存1天，冷藏可保存12天。

烹饪提示：最好静置一天后再使用。

牛排香腌酱

调味料 黑胡椒20克，百里香8克，胡椒粉、盐各5克，红酒15毫升

做法

1. 先将百里香以及黑胡椒清洗干净，然后切成末。
2. 再与其他调味料充分拌匀即可。

应用：用来腌渍牛排、猪排等。
保存：室温下可保存2天，冷藏可保存8天。
烹饪提示：将本酱料冷藏一晚，口感更佳。

牛肉番茄腌酱

原材料 玉米粉5克，芝麻适量，嫩肉粉2克，鸡蛋1个

调味料 淀粉、香菇粉各5克，酱油10毫升，盐3克，料酒15毫升，番茄汁10毫升

做法

1. 将鸡蛋打散。
2. 将原材料和调味料搅拌均匀即可。

应用：用于腌渍肉类食物。
保存：室温下可保存4天，冷藏可保存25天。
烹饪提示：番茄汁可直接用番茄或番茄酱代替。

糖醋面拌酱

原材料 高汤80毫升，姜、葱各10克

调味料 麻油、红油、酱油、糖、醋各适量

做法

1. 将姜、葱均洗净，切末。
2. 锅置火上，加入高汤烧开，加姜、葱、酱油、红油、糖、醋拌匀，淋入麻油即可。

应用：适用于腌拌肉类食物。

保存：室温下可保存2天，冷藏可保存7天。

烹饪提示：此酱中若加入柠檬汁，可以增加酸味及果香味。

香草番茄酱

原材料 大蒜10克

调味料 橄榄油15毫升，番茄汁40毫升，盐8克，黑胡椒粉2克，月桂叶6克

做法

1. 将大蒜洗净，切末；锅烧热，放入橄榄油，以小火炒香蒜末，加番茄汁，以中火煮开。
2. 放入盐、黑胡椒粉、月桂叶调味。

应用：用于凉拌菜、沙拉等。

保存：室温下可保存2天，冷藏可保存7天，冷冻可保存21天。

烹饪提示：此酱冷藏一晚再食用，味道更佳。

肉末拌酱

原材料 猪肉30克，大蒜、豆酥碎、葱花各适量

调味料 酱油15毫升，酒8毫升，糖8克，油适量

做法

1. 将猪肉洗净切末；将大蒜洗净切末。
2. 油锅烧热，入蒜末、豆酥碎、肉末同炒，调入糖、酒、酱油和适量清水烧开，撒上葱花即可。

应用：适合用来拌面、拌饭等。
保存：室温下可以保存1天，冷藏可以保存7天。
烹饪提示：熬汁时宜用小火。

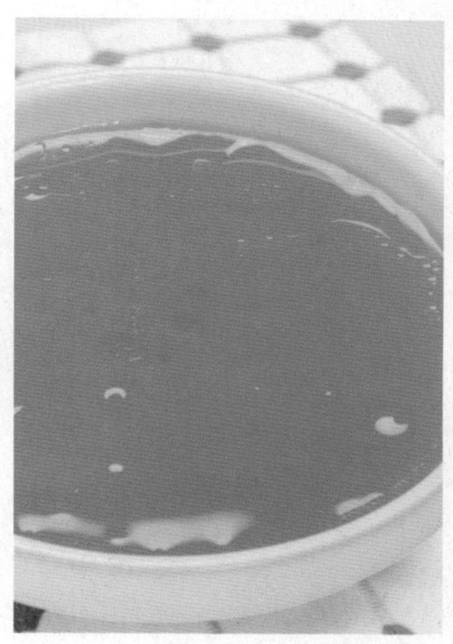

糖醋拌酱

调味料 糖30克，番茄酱40克，白醋50毫升，盐5克

做法

1. 将白醋、番茄酱和糖混合。
2. 注水烧开以后，调入盐即可。

应用：适用于拌食面食、肉、鱼类等食物。
保存：室温下可保存2天，冷藏可保存18天。
烹饪提示：煮时用小火；酱汁调好后，要等凉了再置冰箱内储存。

凉拌木瓜酱汁

原材料 辣椒20克

调味料 鱼露、椰糖各适量，柠檬汁20毫升

做法

1. 将辣椒洗净，切成末。
2. 将原材料和调味料一起混匀即可。

应用：用于凉拌木瓜，也可以用于拌食蔬菜、海鲜。

保存：室温下可保存2天，冷藏可保存12天。

烹饪提示：加入月桂叶味道更好。

米酱豆腐乳

原材料 黄豆20克，糙米15克，豆腐乳、大蒜各适量

调味料 盐2克，糖6克，白酒少许，香醋10毫升

做法

1. 将大蒜洗净切成末；将豆腐乳用冷开水调匀。
2. 将黄豆、糙米入沸水锅中煮熟后捞起沥干，加入腐乳汁、盐、糖、白酒、蒜末、香醋拌匀即可。

应用：用于腌拌肉类、蔬菜类食物。

保存：室温下可以保存1天，冷藏可以保存5天。

烹饪提示：将黄豆、糙米泡好再煮。

豆瓣米酒拌酱

原材料 甘草水100毫升

调味料 甜面酱、芝麻酱各45克，辣豆瓣酱30克，糖20克，米酒20毫升

做法

1. 将原材料与调味料混合均匀。
2. 置火上烧开即可。

应用： 用于腌拌蔬菜类食物。

保存： 室温下可保存1天，冷藏可保存18天。

烹饪提示： 将芝麻酱用甘草水调开后再使用。

辣椒肉拌酱

原材料 辣椒5克，猪肉50克，高汤、芝麻各适量

调味料 糖、盐、酱油、豆瓣酱、花椒粒、红油、油各适量

做法

1. 将猪肉洗净切块；将辣椒洗净切段。
2. 油锅烧热，入辣椒、猪肉煸炒，调入糖、花椒、盐、酱油、豆瓣酱、红油、芝麻炒匀，注入高汤烧开即可。

应用： 用于腌拌海鲜、肉品菜肴。

保存： 室温下可保存2天，冷藏可保存18天。

烹饪提示： 将辣椒、猪肉同炒，味道更佳。

高汤香拌酱

原材料 芝麻15克，葱5克，高汤20毫升

调味料 葱油、蒜油各10毫升，盐、糖各5克，香菇粉2克

做法

1. 将葱洗净，切葱花。
2. 将原材料与调味料混合拌匀，置火上烧开即可。

应用：用于拌食面条、蔬菜类食物。

保存：室温下可保存4天，冷藏可保存18天。

烹饪提示：此酱凉时不可拌食物。

咸豆腐拌酱

原材料 豆腐50克

调味料 酱油8毫升，盐4克，味精2克

做法

1. 将豆腐去水后碾碎。
2. 将碎豆腐和调味料混匀即可。

豆腐

酱油

应用：适用于拌食烫过的蔬菜或者拌豆腐。

保存：冷藏可保存3天。

烹饪提示：豆腐去水要充分。

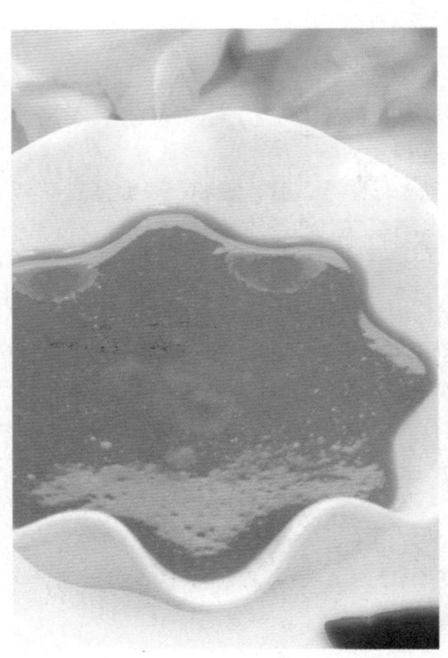

泡菜腌酱

原材料 大蒜少许，月桂叶20克，鲜迷迭香适量

调味料 盐3克，胡椒粉15克，白酒醋15毫升，糖3克

做法

1. 将所有的原材料和调味料一起放入锅中煮沸。
2. 然后放凉即可。

应用：可腌渍各种蔬菜。
保存：冷藏可保存4天。
烹饪提示：将本酱汁腌渍隔夜后，味道会更香。

五香烤肉腌酱

原材料 大蒜20克，红葱头15克，葱、姜各10克，甘草粉2克

调味料 盐、五香粉、香菇粉各5克，胡椒粉2克，糖8克，白酒10毫升

做法

1. 将大蒜去皮洗净，切末；将红葱头洗净，切碎；将葱洗净切段；将姜洗净，切丝。
2. 将原材料和调味料一起搅匀即可。

应用：用于腌渍肉类食物。
保存：室温下可保存4天，冷藏可保存32天。
烹饪提示：甘草粉在药店可买到。

番茄辣味拌酱

原材料 番茄、剁红椒、姜、大蒜、葱各适量

调味料 白糖10克，白醋、盐、油各适量

做法

1. 将原材料洗净，将番茄、剁红椒切碎，将大蒜、姜切末，葱切葱花。
2. 油锅烧热，入姜末、蒜末炒香，加入番茄、剁红椒同炒片刻。
3. 调入盐、白糖、白醋拌匀，撒葱花。

应用：用于凉拌菜。

保存：室温下可保存3天，冷藏可保存20天。

烹饪提示：做酱时可将番茄去皮。

芝麻辣酱

调味料 红油10毫升，芝麻酱150克，酱油15毫升，蜂蜜15毫升，花椒10克，白醋10毫升，糖、香菇粉各3克

做法

1. 将上述所有调味料依次放入碗里。
2. 将它们混合搅拌均匀即可。

应用：用于各类凉拌类食物。

保存：室温下可保存4天，冷藏可保存20天。

烹饪提示：香菇粉可用鸡精来代替。

炸肉拌酱

原材料 猪肉50克，干辣椒15克，大蒜10克，葱3克

调味料 盐、糖、陈醋、酱油、酒、麻油各适量

做法

1. 将猪肉、大蒜、葱洗净，分别切末。
2. 热锅放入肉末、干辣椒、蒜末炒香。
3. 调入盐、糖、陈醋、酱油、酒、麻油、葱末炒匀即可。

应用： 适合用来拌食面条。
保存： 室温下可保存1天，冷藏可保存7天。
烹饪提示： 用此酱拌面时趁热吃，味道更佳。

鲜味拌酱

原材料 大蒜8克，辣椒15克

调味料 麻油8毫升，黑醋6毫升，盐5克，油适量

做法

1. 将大蒜洗净切末；将辣椒洗净切碎。
2. 油锅烧热，放入蒜末、辣椒碎炒香，调入盐、黑醋与适量清水烧开，淋入麻油即可。

应用： 用来拌面或搭配蔬菜。
保存： 室温下可保存2天，冷藏可保存10天。
烹饪提示： 煮酱时，火力不宜过大，以免烧焦食材。

川味泡萝卜酱汁

原材料 青椒、红椒各15克，白萝卜20克

调味料 白醋50毫升，糖8克，盐2克，花椒粒10克

做法

1. 将白萝卜洗净，切片；将青椒、红椒洗净。
2. 将原材料混合，加入白醋、糖、盐、花椒粒、冷开水拌匀即可。

应用： 适用于腌渍各种蔬菜。

保存： 室温下可保存4天，冷藏可保存20天。

烹饪提示： 待酱汁充分浸泡入味，要两天以上。

番茄葱腌酱

原材料 干葱头15克，大蒜15克，葱12克，洋葱、姜各适量

调味料 番茄酱20克，盐5克，糖8克，淀粉30克，酱油膏、米酒各适量

做法

1. 将干葱头、大蒜、葱、洋葱、姜分别洗净，切碎。
2. 将原材料和调味料一起搅匀即可。

应用： 用于腌渍肉类食物。

保存： 室温下可保存3天，冷藏可保存25天。

烹饪提示： 该酱可放搅拌机中打匀。

味噌芝麻拌酱

原材料 黑芝麻10克

调味料 酱油8毫升，味啉5毫升，盐2克，味噌5克

做法

1. 将上述所有原材料与调味料依次放入碗里。
2. 将它们混合搅拌均匀即可。

盐

味噌

应用：适用于拌食烫过的蔬菜。

保存：冷藏可保存4天。

烹饪提示：可将黑芝麻烤香后磨碎。

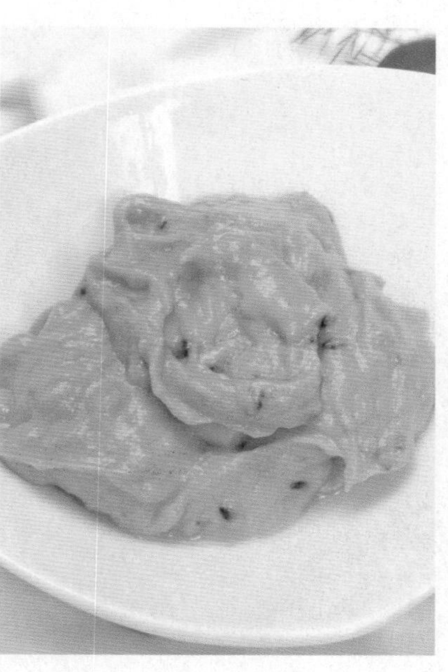

豆豉高汤拌酱

原材料 芝麻、大蒜、姜、辣椒段、葱、高汤各适量

调味料 甜面酱、红油、酒、油各适量

做法

1. 将大蒜、姜、葱分别洗净，切碎。
2. 油锅烧热，入葱、姜、大蒜、辣椒煸炒，调入甜面酱、红油炒匀，加入酒、高汤煮开，撒入芝麻即可。

应用：用于腌拌肉类食物。

保存：室温下可保存2天，冷藏可保存15天。

烹饪提示：宜选用葱白部分做酱料。

味噌酒糟腌酱

原材料 酒糟50克，姜15克

调味料 白味噌100克，糖50克，酒30毫升

做法

1. 将姜洗净，剁碎。
2. 将所有的原材料和调味料一起混合均匀即可。

应用：用于腌渍鱼类、海鲜类食物。

保存：室温下可以保存5小时，冷藏可以保存2天。

烹饪提示：味噌风味香甜，可以根据个人喜好决定用量。

香芝麻蒜拌酱

原材料 白芝麻50克，大蒜15克

调味料 麻油15毫升，酱油10毫升，糖8克，盐4克，花生酱15克

做法

1. 将大蒜洗净，切末。
2. 将蒜末、花生酱、白芝麻加入适量冷开水同拌，调入盐、糖、酱油拌匀，淋入麻油即可。

应用：适用于拌食蔬菜、面食、鱼类食物。

保存：室温下可保存2天，冷藏可保存10天。

烹饪提示：使用时可加入适量葱花。

沙茶肉腌料

原材料 沙茶酱15克，面粉适量

调味料 米酒20毫升，盐、小苏打、鸡精、咖喱粉、奶酪粉各适量

做法

1. 将原材料与调味料混匀。
2. 加入适量清水烧开即可。

应用：可用于腌渍肉类食物。

保存：室温下可保存3天，冷藏可保存20天。

烹饪提示：此酱若加入适量白糖，会有甜香味，适合喜欢吃甜食的人。

蒸排骨腌酱

原材料 大蒜、辣椒、鸡蛋清各适量

调味料 酱油20毫升，盐3克，糖5克，胡椒粉3克，花椒、油、豆豉各适量

做法

1. 将大蒜、辣椒洗净，将大蒜切末。
2. 油锅烧热，下花椒、豆豉、蒜末、辣椒炒香，入鸡蛋清、酱油、盐、糖、胡椒粉、冷开水，搅匀即可。

应用：用于腌拌肉类食物。

保存：室温下可保存3天，冷藏可保存25天。

烹饪提示：最好将此酱静置一天后再使用。

香菇味噌酱

原材料 香菇、茶树菇各20克，姜8克

调味料 麻油6毫升，蚝油15毫升，胡椒粉、香菇粉各适量

做法

1. 香菇、茶树菇洗净；姜洗净，切片。
2. 锅烧热，放入香菇、茶树菇、姜片同炒，入蚝油、香菇粉、胡椒粉、麻油拌匀即可。

应用： 适合用来拌食青菜、面条、饭类食物。

保存： 室温下可保存2天，冷藏可保存14天。

烹饪提示： 拌炒时宜用小火。

芝麻海鲜酱

原材料 芝麻20克，姜、大蒜各15克，葱花适量

调味料 柠檬汁、麻油、辣酱、酱油、糖各适量

做法

1. 将姜、大蒜洗净，切成末；将芝麻碾碎备用。
2. 将所有的原材料和调味料一起搅拌均匀即可。

应用： 用于凉拌海鲜或者蔬菜。

保存： 室温下可保存2天，冷藏可保存15天。

烹饪提示： 最好选用新鲜的柠檬汁。

韩国辣椒酱

原材料 黄豆、姜、大蒜各适量

调味料 韩国辣椒粉20克，白糖10克，盐适量

做法

1. 将姜、大蒜洗净，切末；将黄豆放入水中浸泡1～2天。
2. 锅中注水，放入泡好的黄豆，用大火煮至熟烂。捞起沥干后捣烂，再放入其他原材料、调味料拌匀即可。

应用： 用作海鲜、肉类食品的拌酱。

保存： 室温下可以保存2天，冷藏可以保存8天。

烹饪提示： 黄豆要泡发好，否则不容易被煮烂。

甜黑酱

调味料 老抽30毫升，糖8克，味精5克

做法

1. 将上述调味料依次放碗里。
2. 将它们混合搅拌均匀即可。

老抽

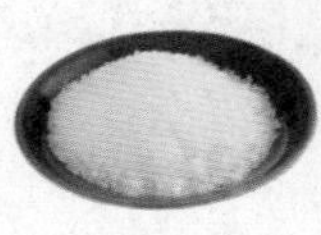

糖

应用： 适合用来拌面、拌饭。

保存： 室温下可保存2天，冷藏可保存15天。

烹饪提示： 老抽比生抽更加浓郁。

第三章

鲜辣刺激的火锅烧烤酱

在适合吃火锅和烧烤的季节，在海边、公园，或在自家花园门前支起烧烤炉，吃喝玩乐，这样的画面绝对让人向往……

市面上的烤肉酱种类繁多，由于兼具鲜、甜、咸、辣等味道，搭配牛肉、鸡肉、猪肉或是海鲜类食材烧烤，都十分美味，还可以用来腌肉或烹制家常菜式。本章就为大家介绍烧烤酱的制作方法。

烤茄子酱

原材料 大蒜、葱各10克，高汤50毫升

调味料 盐2克，白醋、酱油各10毫升，油适量

做法

1. 将大蒜去皮洗净，切末；将葱洗净，切葱花。
2. 油锅烧热，入蒜末炒香，入高汤烧开，调入盐、白醋、酱油，撒上葱花即可。

应用：用于烧烤海鲜、蔬菜类食物。

保存：室温下可保存2天，冷藏可保存10天。

烹饪提示：若酱中加入适量麻油，风味更佳。

推荐菜例

蒲烧鳗鱼

补虚养血，养颜美容

原材料 鳗鱼1条，包菜50克

调味料 烤茄子酱适量

做法

1. 将鳗鱼用清水洗干净，然后切成大小相仿的3大块。
2. 将包菜清洗干净，然后再切成细丝摆放在盘底。
3. 将鳗鱼放在包菜丝上，加入烤茄子酱，放入微波炉内烤3~5分钟，取出即可食用。

鳗鱼

包菜

酸辣火锅酱

原材料 蒜苗15克，香菜、白芝麻、葱花各10克

调味料 花椒粉、辣椒酱、沙茶酱、白醋各适量

做法

1. 将蒜苗洗净切碎；将香菜洗净切末。
2. 将花椒粉、白醋、辣椒酱、沙茶酱、蒜苗、葱花、香菜一起混匀，撒上白芝麻。

应用： 可用于蘸食火锅类食物。

保存： 室温下可保存2天，冷藏可保存15天。

烹饪提示： 原材料一定要切成碎末，才能入味。

推荐菜例

毛肚火锅

预防感冒，增强免疫力

原材料 毛肚、冬瓜、蘑菇、豆腐、青菜、红薯粉、虾、黄花菜、姜、清汤、猪腰、大蒜各适量

调味料 红油、盐、辣椒粉、豆瓣酱各适量，麻油、牛油各适量，酸辣火锅酱适量

做法

1. 将所有原材料洗净，改刀装盘。
2. 锅置火上，下入牛油、姜、大蒜、辣椒粉、豆瓣酱炒香，注入清汤，调入红油、盐、麻油，倒入火锅内，将其他原材料涮熟后配以酸辣火锅酱食用即可。

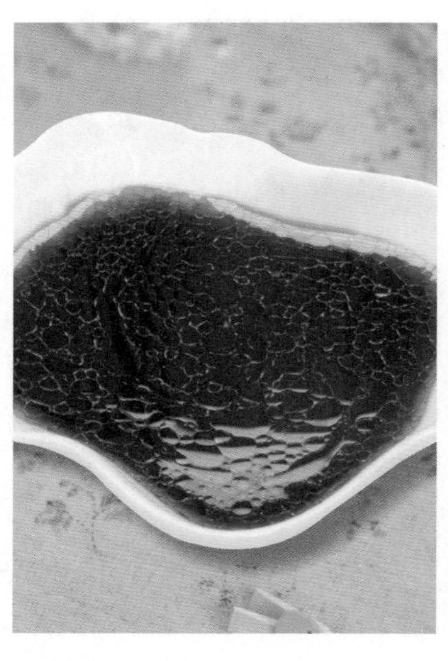

洋葱烧烤酱

原材料 洋葱20克，葱60克

调味料 酱油30毫升，米酒20毫升，麦芽糖8克，味啉5毫升

做法

1. 将葱洗净切末；将洋葱洗净剁碎。
2. 锅烧热，放入米酒，待酒精挥发后将其余的原材料和调味料全部加入，煮约3小时，呈浓稠状即可。

应用：适用于烧烤类食物。
保存：冷藏可保存8天。
烹饪提示：此酱中的葱末可先炸至金黄再入酱，味道会更香。

推荐菜例

烤羊腿

补血益气，温中暖肾

原材料 羊后腿肉500克，姜末、洋葱段、黄瓜、面饼、胡萝卜、白萝卜、葱丝各适量

调味料 盐、辣椒酱、椒盐各适量，洋葱烧烤酱适量

做法

1. 将羊后腿肉加入姜末、洋葱段、葱丝、盐腌渍半小时。
2. 上木炭火上烤约40分钟，至熟。
3. 将黄瓜、白萝卜、胡萝卜切成条，与面饼配着羊腿吃，再附辣椒酱、椒盐、洋葱烧烤酱各一小碟添味，回味无穷。

蒜苗豆瓣蘸酱

原材料 蒜苗20克，大蒜8克

调味料 红油、辣豆瓣酱、糖、酱油各适量

做法

1. 将蒜苗洗净切末；将大蒜洗净切碎。
2. 将蒜苗末、蒜碎、红油、辣豆瓣酱、糖、酱油混合拌匀即可。

应用：用于蘸食火锅类食物。

保存：室温下可保存3天，冷藏可保存25天。

烹饪提示：要将酱汁充分调匀，并选择符合自己口味的辣豆瓣酱。

推荐菜例

鱼头火锅

降压补脑，益气补虚

原材料 鱼头1个，豆腐200克，茼蒿200克，水发海带150克，葱段、高汤、姜、蒜泥、辣椒各适量

调味料 盐、红油、辣椒粉各适量，蒜苗豆瓣蘸酱适量

做法

1. 将鱼头砍成两半，洗净，装盘；将水发海带、豆腐洗净，改刀装盘；将茼蒿洗净，装盘；将高汤、姜、蒜泥、辣椒与蘸酱外的所有调味料一起上锅熬好待用。
2. 将鱼头放入锅中煎至两面呈金黄色，取出，盛入火锅内；往锅内淋上熬好的汁，撒上葱段，配以蒜苗豆瓣蘸酱食用即可。

鸡骨火锅酱

原材料 鸡骨高汤200毫升，海带 20克，洋葱、葱各少许

调味料 酒30毫升

做法

1. 将葱洗净切末；将洋葱洗净切细丝。
2. 锅置于火上，放入酒，待酒精蒸发，倒入高汤混合，将洗净的海带和洋葱丝放入其中煮开，撒入葱花，捞出海带即可。

应用： 用于火锅的汤底。

保存： 室温下可保存2天，冷藏可保存10天。

烹饪提示： 需要将海带表面的细砂清理干净。

推荐菜例

干锅鸡

温中补脾，益气养血

原材料 鸡肉350克，青椒、红椒各15克，香菜适量

调味料 老抽、红油各5毫升，盐、鸡精、胡椒粉、油各适量，鸡骨火锅酱适量

做法

1. 将鸡肉洗净，斩块，汆水过油后待用；将青椒、红椒去蒂，洗净，切成片；将香菜洗净。
2. 热锅下油，下入青椒、红椒煸香，再下入鸡块爆炒至出油，下入红油、老抽、盐、鸡精、鸡骨火锅酱、胡椒粉，撒入香菜即可。

麻油火锅酱

原材料 葱15克

调味料 麻油、白醋各适量

做法

1. 将葱洗净切葱花。
2. 将葱花、白醋、麻油拌匀即可。

葱

麻油

应用：可用于火锅类、海鲜类食物。

保存：室温下可保存3天，冷藏可保存20天。

烹饪提示：葱花不宜烹制得过烂，以免辣素被破坏，杀菌作用降低。

推荐菜例

菌汤滋补火锅

养血通经，养肝润肺

原材料 肉丸、饺子、蟹柳、炸腐竹、海带丝、带鱼、猪脑、冬瓜、泡菜、墨鱼仔、党参、红枣、枸杞子、猪骨汤、牛奶各适量

调味料 盐、麻油火锅酱各适量

做法

1. 将原材料里的食材洗净、改刀，入碟，摆在火锅周围。
2. 将盐、党参、红枣、枸杞子、猪骨汤、麻油火锅酱加水煮汤汁，倒入大锅和小锅中，将牛奶加入大锅中。
3. 食用时将各个原材料放入火锅中烫熟即可。

味噌火锅酱

原材料 海带丝100克，柴鱼高汤、小鱼干高汤各100毫升，香菇少许

调味料 味噌30克，味啉20毫升，清酒30毫升

做法

1. 锅置火上，将所有原材料和调味料一起放入锅中。
2. 用中火煮开，然后转成小火焖5分钟即可。

应用： 可用于海鲜火锅。

保存： 室温下可以保存6小时，冷藏可以保存3天。

烹饪提示： 放入味噌后，不宜久煮，不然会很咸。

推荐菜例

章鱼火锅

养血益气，延缓衰老

原材料 章鱼2条，包菜115克，菠菜85克，蛤蜊230克，豆腐、葱、高汤、青辣椒片、红辣椒片各适量

调味料 酱油、麻油、糖、盐、辣椒粉、料酒各适量，味噌火锅酱适量

做法

1. 将章鱼洗净切小段；将包菜叶和菜梗煮至半熟；将菠菜煮至半熟，加入酱油、麻油、糖、盐拌匀。将菠菜用包菜叶包住卷起，将蔬菜卷切段。
2. 将豆腐切片；葱切菱形；将蛤蜊洗净，在章鱼中放辣椒粉和料酒；将备好的原材料放入砂锅，加高汤、味噌火锅酱，放盐调味，煮沸即食。

五香烤肉酱

原材料 葱10克，大蒜、姜各20克，芝麻15克

调味料 五香粉8克，蚝油25毫升，酒30毫升，糖30克，酱油60毫升，红色素适量

做法

1. 将大蒜去皮，切末；将姜洗净，去皮，切成末；将葱洗净，切葱花。
2. 将原材料与调味料混合均匀，置火上煮开即可。

应用： 用于肉类或蔬菜类烧烤。

保存： 室温下可保存3天，冷藏可保存25天。

烹饪提示： 做酱时用小火以免煮糊。

推荐菜例

杜仲狗肉煲

滋阴润燥，补血养颜

原材料 狗肉500克，杜仲10克，姜片、葱段各5克

调味料 盐3克，鸡精3克，料酒10毫升，五香烤肉酱适量

做法

1. 将狗肉清洗干净，切成块；将杜仲浸透洗净。
2. 将狗肉放入洗净的锅内炒至干身，出锅待用。
3. 将狗肉、杜仲、姜片放入煲中，加入清水、料酒、五香烤肉酱煲2小时，调入盐、鸡精，撒上葱段即可。

素食火锅料

原材料 香菜适量

调味料 糖5克，酱油15毫升，素沙茶酱、油各适量

做法

1. 将香菜洗净，切末。
2. 将酱油、素沙茶酱、糖混合，再加入香菜末拌匀，淋入熟油即可。

应用：可用于火锅类食物。

保存：室温下可保存1天，冷藏可保存12天。

烹饪提示：素沙茶酱一旦加热，香料会挥发、耗损，使得香味散失，所以直接混合即可。

推荐菜例

双味火锅

养肝补血，温中暖肾

原材料 面条、粉丝、肉丸、豆腐、羊肉卷、冬瓜、鱼头、竹荪、葱段、干辣椒、生菜叶各适量

调味料 盐、八角、桂皮、茴香、草果各适量，素食火锅料适量

做法

1. 将粉丝洗净；将豆腐、冬瓜、生菜叶洗净切片；将鱼头洗净。
2. 将葱段、干辣椒外的原材料分别置入碟内，摆放在火锅周围。
3. 将盐、八角、桂皮、茴香、草果、素食火锅料中加入水熬煮汤，倒入大锅和小锅，大锅中加入干辣椒、葱段熬煮。

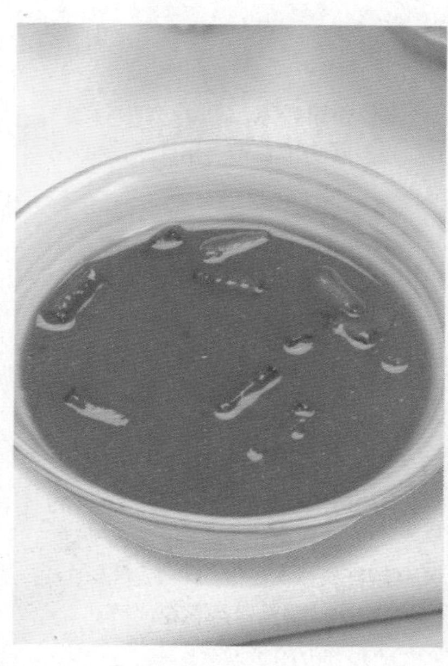

味噌葱烧酱

原材料 葱15克

调味料 味啉、味噌各适量，酱油10毫升，清酒20毫升

做法

1. 将葱洗净，切段。
2. 与酱油、清酒、味啉、味噌同拌均匀即可。

应用： 可用于肉类火锅。

保存： 室温下可保存2天，冷藏可保存10天。

烹饪提示： 此酱中加入葱段，可使之风味提升，充满葱香。

推荐菜例

三味火锅

减肥瘦身，消除疲劳

原材料 生菜、番茄、海带、毛肚、肉丸、火腿片、玉米、竹荪、红枣、枸杞子、干辣椒、莲藕、香菜碎、牛奶各适量

调味料 盐、八角、桂皮、味噌葱烧酱各适量

做法

1. 将除红枣、枸杞子、干辣椒、牛奶以外的所有原材料洗净，改刀，摆盘，放在火锅周围。
2. 将盐、红枣、枸杞子、八角、桂皮、味噌葱烧酱熬煮成汤，分别倒入火锅三个部分，将干辣椒、牛奶分别加入火锅的两个部分，做成鲜辣锅、牛奶锅和清汤锅，再撒上香菜碎。

沙茶火锅酱

原材料 香菜15克

调味料 酱油10毫升，素沙茶酱40克

做法

1. 将香菜洗净，切末。
2. 将素沙茶酱、香菜、酱油混合，加入冷开水调匀即可。

香菜

酱油

应用：可用于火锅类、烧烤类食物。

保存：室温下可以保存2天，冷藏可以保存5天。

烹饪提示：香菜可用葱花代替。

推荐菜例

干锅双笋

清热化痰，益气和胃

原材料 竹笋、莴笋各200克，干辣椒100克，蒜苗20克，火腿50克

调味料 豆豉50克，盐4克，鸡精2克，红油10毫升，沙茶火锅酱、油各适量

做法

1. 将竹笋洗净，切成段；将莴笋洗净，切条；将干辣椒洗净，切段；将蒜苗洗净，切段；将火腿切条。
2. 炒锅注油烧热，放干辣椒、豆豉、蒜苗炒香，加火腿、竹笋、莴笋爆炒。
3. 调入盐、鸡精、红油、沙茶火锅酱，起锅装盘。

沙嗲酱

原材料 花生粉20克

调味料 糖、泰式辣椒酱各适量，柠檬汁15毫升

做法

1. 将上述原材料与调味料依次放碗里。
2. 将它们混合搅拌均匀即可。

应用： 用于海鲜、蔬菜火锅等。

保存： 室温下可保存2天，冷藏可保存15天。

烹饪提示： 泰式辣椒酱是一种蒜味很重的辣椒酱，可根据个人喜好添加。

推荐菜例

香盏玉贝

降压降脂，通利血脉

原材料 芹菜250克，文蛤400克，蒜末、辣椒丝各适量

调味料 沙嗲酱、花生油各适量

做法

1. 将文蛤洗净，放入水中浸泡，使其吐尽泥沙，洗净，沥干水分待用。
2. 将芹菜洗净，切成小段。
3. 锅置火上，加花生油烧热，爆香蒜末和辣椒丝，再放入文蛤、芹菜及沙嗲酱，以大火拌炒，见文蛤开口起锅装盘即可。

串烤酱

原材料 花生粉20克，蒜粉20克

调味料 八角15克，盐4克，酱油25毫升，虾酱25克，糖8克

做法

1.将所有原料和调味料放入碗中。

2.加入适量冷开水混合均匀即可。

八角

盐

应用：用于各种烧烤食物。

保存：室温下可保存2天，冷藏可保存15天。

烹饪提示：待糖完全溶解时再使用。

推荐菜例

手抓羊排

补血益气，温中暖肾

原材料 羊排250克

调味料 盐5克，花椒、孜然、油、鸡精各少许，串烤酱适量

做法

1. 将羊排切成均匀的长条块，下入沸水中汆烫，备用。
2. 锅中放入盐、花椒、孜然、鸡精，将羊排卤制熟透。
3. 锅中下油烧热，放入羊排炸至金黄色时捞出，配以串烤酱食用即可。

甜辣烤肉酱

原材料 姜8克，芝麻、辣椒各适量

调味料 料酒8毫升，花椒、辣椒粉各5克，胡椒粉、盐、辣酱油、糖各适量

做法

1. 将姜洗净，切末；将辣椒洗净，切丝。
2. 将辣椒、花椒、姜末入锅煸炒出香味，再放料酒、辣椒粉、胡椒粉、芝麻、盐、辣酱油、糖混合均匀即可。

应用： 用于肉类烧烤。

保存： 室温下可保存4天，冷藏可保存33天。

烹饪提示： 喜欢辣味的可用朝天椒。

推荐菜例

龙穿凤翅

强腰健胃，补肾壮阳

原材料 黄鳝200克，鸡翅250克，葱花、姜片、干辣椒各适量

调味料 八角、味精、白糖、料酒、老抽、胡椒粉、麻油、油各适量，甜辣烤肉酱适量

做法

1. 将鸡翅洗净，去翅尖；将黄鳝洗净，斩段；把鳝段塞进鸡翅内，汆水，捞起备用。
2. 锅内加入油烧热，下入鸡翅爆炒，放入葱、姜、干辣椒及麻油除外的调味料一同煸炒，加适量水用小火煮。
3. 煮熟以后收汁，淋入麻油即可。

麻油火锅酱

原材料 红辣椒、香菜各20克

调味料 麻油、白醋、花椒粉各适量

做法

1. 将香菜洗净，切成末；将红辣椒洗净，切成段。
2. 将香菜末、红辣椒段同拌，加入麻油、白醋、花椒粉拌匀即可。

应用：可用于禽肉类和蔬菜火锅。

保存：室温下可保存2天，冷藏可保存15天。

烹饪提示：此酱中加入白醋，可缓解麻辣口味。

推荐菜例

什锦火锅

滋补健胃，补肾壮阳

原材料 高汤、黄瓜、牛肉、羊肉、虾、鱼肉、海带、冬瓜、粉丝、葱各适量

调味料 盐、胡椒粉各适量，麻油火锅酱适量

做法

1. 将高汤除外的所有原材料均洗净，改刀，码入锅中。
2. 浇淋入用调味料与高汤调制好的清汤煮熟，改小火，可边炖边食用。

海带

冬瓜

蜂蜜桂花烧烤酱

原材料 大蒜5克

调味料 蜂蜜30毫升，桂花酱30克，盐5克，老抽10毫升

做法

1. 将大蒜去皮洗净，切末。
2. 将桂花酱、老抽、蜂蜜、蒜末、盐一起混合均匀即可。

应用： 用于烧烤海鲜类食物。
保存： 室温下可保存5天，冷藏可保存35天。
烹饪提示： 用生抽代替老抽做酱，味道也相当好。

推荐菜例

咸蛋黄焗虾

通乳抗毒，养血固精

原材料 咸蛋黄3个，鲜虾250克，西葫芦500克

调味料 生抽、油、盐各适量，蜂蜜桂花烧烤酱适量

做法

1. 取咸蛋黄磨成粉状；将鲜虾去须洗净；将西葫芦去子切片。
2. 将鲜虾入油锅炸至金黄，捞出沥油；将西葫芦焯烫，沥水；将咸蛋黄入油锅炒成胶形，再放入虾、西葫芦炒匀，加生抽、盐炒匀，配以蜂蜜桂花烧烤酱即可食用。

干椒茴香酱

原材料 大蒜30克

调味料 干辣椒粉50克，盐8克，小茴香粉3克

做法

1. 将蒜洗净，切末。
2. 将原材料和调味料一起混合均匀，入锅中用中火煮开即可。

应用： 用于炒菜。

保存： 室温下可保存10天，冷藏可保存25天。

烹饪提示： 小茴香粉不可使用过量。

推荐菜例

水煮鱼火锅

泽肤养发，滋补健胃

原材料 乌鱼肉500克，豆芽200克，香菇100克，牛肚、土豆、莴笋、茼蒿、粉丝各100克，白菜80克，高汤、干辣椒段、葱段各适量

调味料 生抽、红油、泡椒、海鲜酱 、甜面酱、干椒茴香酱各适量

做法

1. 乌鱼肉、牛肚、香菇、土豆、莴笋洗净，切片；豆芽、茼蒿、白菜洗净，择好；粉丝洗净，泡发，沥干。
2. 锅入红油炒香干辣椒，入高汤烧沸，放葱段、生抽、泡椒、干椒茴香酱。
3. 将准备好的所有原材料分盘上桌，再将海鲜酱 、甜面酱摆上桌。

辣味迷迭香酱

原材料 番茄60克，辣椒圈8克，迷迭香10克

调味料 蜂蜜20毫升，香醋10毫升

做法

1. 将番茄洗净，切成小块；将辣椒圈清洗干净。
2. 将原材料和调味料一起搅拌均匀。

应用： 用于烤肉。

保存： 室温下可保存2天，冷藏可保存10天，冷冻可保存30天。

烹饪提示： 可以用辣椒酱代替辣椒圈，味道也很好。

推荐菜例

红油肚丝

补中益气，益脾健胃

原材料 牛肚450克，葱适量

调味料 红油、酱油、味精、盐各适量，辣味迷迭香酱适量

做法

1. 将葱洗净，切成葱花待用。
2. 将牛肚洗净，放入沸水中煮熟，捞起晾凉，切成丝，装盘。
3. 将调味料调成味汁，淋在牛肚丝上，最后撒上葱花即成。

牛肚

酱油

咸味烧烤酱

调味料 盐3克，麻油、胡椒粉、鸡精各适量

做法

1. 将上述调味料依次放碗里。
2. 将它们混合搅拌均匀即可。

应用： 用于烧烤肉类食物。
保存： 室温下可保存2天，冷藏可保存10天。
烹饪提示： 将肉先用烧烤酱腌渍几分钟再烤，较易入味。

蘑菇烤肉酱

原材料 蘑菇粉3克，梅粉8克，甘草粉、干辣椒各10克
调味料 盐5克，糖10克

做法

1. 将干辣椒洗净，切碎。
2. 将蘑菇粉、梅粉、甘草粉、干辣椒、盐、糖加入冷开水混合，拌匀即可。

应用： 用于烧烤肉类、蔬菜类食物。
保存： 室温下可保存2天，冷藏可保存18天。
烹饪提示： 若加入芝麻，风味更佳。

照烧酱汁

调味料 酱油50毫升，清酒25毫升，白糖20克

做法

1. 将所有调味料依次放入锅中混合。
2. 熬至白糖溶化即可。

应用： 用来烧烤肉类食物。
保存： 室温下可以保存3天，冷藏可以保存8天。
烹饪提示： 此酱在烧烤的时候要多抹几次。

甜味酱

调味料 酱油30毫升，酒15毫升，糖10克

做法

1. 将所有调味料加水一起混合均匀。
2. 入锅烧开至糖溶化即可。

应用： 可用于各类烧烤。
保存： 室温下可保存3天，冷藏可保存15天。
烹饪提示： 煮汁时先以大火煮开，再用小火慢煮，酱汁会更香。

烧烤鱼酱

原材料 胡萝卜、番茄各适量

调味料 鸡精、糖各3克，味啉8毫升，味噌、酱油、米酒、柠檬汁各适量

做法

1. 将胡萝卜、番茄洗净，切片。
2. 将原材料和调味料搅拌均匀即可。

应用：用于烧烤鱼排类。

保存：室温下可保存2天，冷藏可保存15天。

烹饪提示：此酱中如果加入辣椒粉，会有酸辣味。

沙茶咖喱烧烤酱

原材料 大蒜10克

调味料 酱油5毫升，咖喱粉5克，糖8克，红油10毫升，番茄酱20克，米酒25毫升，料酒20毫升，沙茶酱15克

做法

1. 将大蒜去皮洗净，切末。
2. 将米酒、蒜末、料酒、酱油、咖喱粉、糖、红油、番茄酱、沙茶酱混合搅匀。

应用：用于烧烤海鲜类食物。

保存：室温下可保存5天，冷藏可保存30天。

烹饪提示：此酱在使用时要先搅匀。

酸甜烧烤酱

原材料 大蒜、番茄、葱花各适量
调味料 蜂蜜、胡椒粉、盐、酱油、红酒醋各适量

做法

1. 将番茄洗净，切成丁；将大蒜去皮洗净，切成末。
2. 将番茄丁、蒜末、蜂蜜混合，入酱油、红酒醋同拌。
3. 入盐、胡椒粉拌匀，入葱花即可。

应用： 用于烧烤肉类、海鲜类食物。
保存： 室温下可保存4天，冷藏可保存20天。
烹饪提示： 红酒醋与番茄搭配，可增添美味。

柠檬烧烤酱

原材料 姜、大蒜各20克
调味料 柠檬汁50毫升，白兰地酒20毫升，酱油15毫升，油适量

做法

1. 将姜洗净，切成末；将大蒜去皮洗净，切成末。
2. 油锅烧热，入姜末、蒜末炒香，调入柠檬汁、白兰地酒、酱油拌匀即可。

应用： 可用于烧烤肉类、蔬菜类、鱼类食物。
保存： 室温下可保存2天，冷藏可保存15天。
烹饪提示： 应选用新鲜柠檬榨的汁。

麻辣烤肉酱

原材料 葱、大蒜各15克，芝麻适量

调味料 红油、辣椒粉、糖、花椒、酱油膏各适量

做法

1. 将葱、大蒜均洗净，切末。
2. 将花椒、蒜末煸炒出香味，再加葱末、红油、辣椒粉、糖、芝麻、酱油膏混合均匀即可。

应用：用于烧烤肉类食物。

保存：室温下可保存4天，冷藏可保存30天。

烹饪提示：花椒经过煸炒才能充分释放出香味。

味啉葱烧烤酱

原材料 葱花、洋葱丁各15克

调味料 清酒50毫升，味啉25毫升，酱油10毫升，麦芽糖30克，油适量

做法

1. 将洋葱丁、葱花入油锅略炒。
2. 锅烧热，入清酒，烧至酒精挥发掉，入味啉、酱油、麦芽糖，边煮边搅拌，再入葱花和洋葱，煮开即可。

应用：用于烧烤肉类食物。

保存：室温下可保存3天，冷藏可保存10天。

烹饪提示：将洋葱和葱先煸香，酱的香味更浓。

雪梨烧烤酱

原材料 雪梨40克，姜5克

调味料 酱油、麻油、辣酱、辣椒粉各适量

做法

1. 将雪梨、姜洗净，分别剁成泥。
2. 将所有的原材料和调味料一起搅拌均匀即可。

应用：用于烧烤肉类、蔬菜等食物。

保存：室温下可保存2天，冷藏可保存15天。

烹饪提示：此酱中的雪梨也可以红苹果替代。

柠檬串烤酱

原材料 朝天椒、罗勒各12克，姜10克，香菜15克，大蒜10克

调味料 柠檬汁20毫升，鱼露25毫升，糖8克

做法

1. 将朝天椒、罗勒洗净切碎；将姜、香菜、大蒜洗净切末。
2. 将原材料和调味料混匀。

应用：用于肉类、海鲜、蔬菜烧烤。

保存：室温下可保存2天，冷藏可保存30天。

烹饪提示：罗勒的老茎要先去除，否则会影响口感。

椰奶串烤酱

原材料 椰奶50毫升，红葱头30克，大蒜20克

调味料 糖、胡椒粉、鱼露、酱油各适量，油10毫升

做法

1. 将红葱头、大蒜洗净，切成末。
2. 将原材料和调味料一起搅匀即可。

应用： 用于烧烤海鲜、蔬菜等。

保存： 室温下可保存2天，冷藏可保存30天。

烹饪提示： 使用椰奶前要摇匀，否则会有沉淀。

鸡肉串烤酱汁

原材料 熟芝麻少许，葱适量

调味料 酒8毫升，白糖8克，酱油35毫升，麦芽糖适量

做法

1. 将葱洗净，切成段。
2. 锅置火上，倒入酒，待酒精挥发后与其他调味料和原材料一同放入锅中，以小火煮至浓稠即可。

应用： 用作烧烤鸡肉、猪肉的抹酱。

保存： 室温下可保存3天，冷藏可保存18天。

烹饪提示： 在酱汁中放入少许柠檬片或橙片，能使酱汁更加清爽可口。

炭烧生蚝酱

原材料 大蒜15克，葱、姜、红椒各适量

调味料 盐2克，胡椒粉5克，白醋30毫升，油适量

做法

1. 将大蒜去皮洗净，切末；将葱、姜均洗净，切末；将红椒洗净，切碎。
2. 油锅烧热，放入蒜末、姜末、葱末、红椒碎炒香，调入盐、胡椒粉、白醋拌匀。

应用： 用于烧烤海鲜、鱼类食物。

保存： 室温下可保存2天，冷藏可保存17天。

烹饪提示： 若加入月桂叶，会使此酱增添怡人的清香。

鸡翅烤酱

原材料 大蒜10克

调味料 盐2克，黑胡椒粉5克，番茄汁20毫升，排骨酱30克

做法

1. 将大蒜去皮洗净，切末。
2. 将原材料与调味料混合拌匀即可。

应用： 用于烧烤肉类食物。

保存： 室温下可保存2天，冷藏可保存10天。

烹饪提示： 黑胡椒粉可用红辣椒粉代替。

羊肉辣椒酱

调味料 酱油5毫升，辣椒酱、沙茶、茴香、麻油、咖喱粉各适量，糖6克，胡椒粉3克

做法

1. 将上述调味料依次放碗里。
2. 将它们混合搅拌均匀即可。

应用： 可用于烤羊肉、牛肉等食物。

保存： 室温下可保存3天，冷藏可保存14天。

烹饪提示： 喜欢孜然的话，也可以用孜然取代沙茶和茴香。

酸甜串烤酱

原材料 辣椒、红葱头、大蒜各10克

调味料 虾米辣酱、白醋、糖、鱼露各适量

做法

1. 将辣椒、红葱头、大蒜洗净，切成末。
2. 将原材料与调味料混合均匀即可。

应用： 用于烧烤肉食、海鲜等。

保存： 室温下可保存2天，冷藏可保存20天。

烹饪提示： 虾米辣酱可以根据个人口味挑选。

洋葱鸡骨酱

原材料 洋葱10克，鸡骨100克

调味料 酱油20毫升，麦芽糖15克，清酒8毫升，味啉5毫升

做法

1. 将鸡骨烤至金黄色备用。
2. 锅置火上，倒入清酒，待酒精挥发后将其余调味料和原材料全部加入，以小火煮约3.5小时，呈浓稠状即可。

应用： 用于配食鸡肉或烧烤类食物。
保存： 冷藏可保存8天。
烹饪提示： 将清酒沿锅边倒入，以增加香味。

烤肉酱

原材料 洋葱、苹果各40克，胡萝卜30克，橙子10克，芝麻、葱各少许

调味料 糖、麻油、酱油、鸡精各适量

做法

1. 将洋葱、胡萝卜、葱洗净，切成末；将苹果洗净，剁成泥；将橙子洗净，取肉。
2. 将原材料和调味料一起搅匀即可。

应用： 用于烧烤海鲜、肉类食物。
保存： 室温下可保存2天，冷藏可保存15天。
烹饪提示： 可用梨代替苹果。

芝麻烧肉酱

原材料 白芝麻5克

调味料 麻油8毫升，辣椒酱40克，酱油10毫升，糖10克，味啉15毫升

做法

1. 将上述原材料与调味料依次放碗里。
2. 将它们混合搅拌均匀即可。

应用：用于烧烤或者炒菜。

保存：室温下可保存3天，冷藏可保存15天。

烹饪提示：白芝麻一定要先炒香或者烤香，这样香气才能被充分释放。

鳗鱼海鲜烧烤酱

原材料 鳗鱼骨80克

调味料 酱油15毫升，清酒10毫升，麦芽糖8克，冰糖4克

做法

1. 将鳗鱼骨烤至金黄备用。
2. 锅置火上，倒入清酒，待酒精挥发后将其余调味料和原材料全部加入，小火煮约3小时，至酱汁呈浓稠状即可。

应用：适用于各类鳗鱼或海鲜类的烧烤酱料。

保存：冷藏可保存8天。

烹饪提示：鳗鱼骨需烤至金黄才能保证其香脆。

沙茶腌肉酱

原材料 大蒜适量

调味料 米酒25毫升，黑胡椒粉15克，沙茶酱、酱油膏、糖各适量

做法

1. 将大蒜洗净，剁成蓉。
2. 将原材料和调味料混合拌匀即可。

大蒜

米酒

应用：主要用于烧烤腌肉类食物。

保存：室温下可保存2天，冷藏可保存10天。

烹饪提示：待糖完全溶解才行。

芝麻海鲜烧烤酱

原材料 熟芝麻5克，芝麻10克

调味料 芝麻酱50克，酱油8毫升，花生酱20克

做法

1. 将熟芝麻、芝麻酱、芝麻、酱油、花生酱混合在一起。
2. 加入冷开水，搅拌均匀即可。

应用：用于烧烤海鲜类食物。

保存：室温下可保存2天，冷藏可保存25天。

烹饪提示：可将芝麻酱和花生酱先调匀，会更易入味。

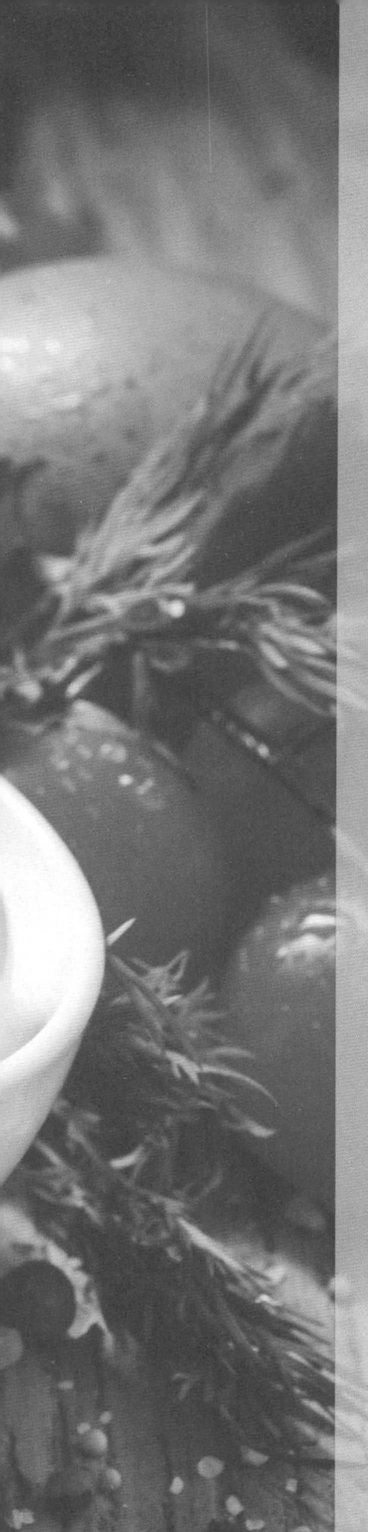

第四章

垂涎欲滴的甜品沙拉酱

沙拉酱，是起源于地中海的卡诺米岛的一种酱汁。这种酱汁在饮食中占有一席之地由来已久。

沙拉酱和甜品酱在年轻人中特别受欢迎，很多美食爱好者也忍不住在他们的食物中添加沙拉酱和甜品酱，做出了让人垂涎欲滴的美食。

水果香橙酱

原材料 苹果20克

调味料 糖水20毫升，香橙酒、柠檬汁、橙汁各适量

做法

1. 将苹果去皮，洗净，切丁。
2. 将苹果、糖水、香橙酒、柠檬汁、橙汁混合调匀即可。

应用： 可作为点心类的蘸料。

保存： 室温下可保存2天，冷藏可保存20天，冷冻可保存60天。

烹饪提示： 此酱汁以柠檬汁为主，所以调制时应加多些柠檬汁。

推荐菜例

榄仁千层糕

改善贫血，增强气力

原材料 面团500克，馅料200克(猪肥肉、牛油、咸蛋黄、吉士粉、奶粉、椰丝、榄仁各适量)，黄皮1张

调味料 水果香橙酱适量

做法

1. 将面团擀成方形，再切去边缘部分，直至整齐，做成面皮。
2. 取一面皮，内放20克馅料，再盖上一面皮，再放上馅料，再盖上面皮，顶上面皮放上榄仁。
3. 取黄皮一张切成菱形片，放于面皮四方；上锅蒸10分钟，至熟，配以水果香橙酱即可食用。

蜂蜜奶油沙拉酱

原材料 奶油30克，酸奶油20克，柠檬20克

调味料 蜂蜜10毫升

做法

1. 将柠檬洗净，榨汁。
2. 与原材料和蜂蜜一起混合均匀即可。

应用： 用于拌沙拉。

保存： 室温下可保存2天，冷藏可保存10天，冷冻可保存20天。

烹饪提示： 如果加入一些柠檬皮，会使酱汁更有特色。

推荐菜例

川贝梨

养血生肌，降低血压

原材料 雪梨2个，川贝母5克，湿豆粉50克

调味料 冰糖、蜂蜜奶油沙拉酱各适量

做法

1. 将川贝母洗净，沥干水分。
2. 将雪梨洗净去外皮，挖去梨核，切成小瓣，装入碗里，再加入川贝母、冰糖和沸水，用湿绵纸封严碗口，上笼蒸2小时取出，滗出糖汁，将梨块扣入小盘内。
3. 锅置火上，加入蒸梨的糖汁和适量清水，烧沸后用湿豆粉勾芡，浇在梨块上，配以蜂蜜奶油沙拉酱食用。

芒果香草酱

原材料 芒果100克，香草冰淇淋50克

做法

1. 将芒果洗净去皮，切碎。
2. 与香草冰淇淋、适量水放入果汁机中搅打均匀即可。

应用：用于沙拉、甜品等。
保存：室温下可以保存2天，冷藏可以保存8天。
烹饪提示：如果喜欢其他口味的冰淇淋，可以根据个人喜好添加。

推荐菜例

脆皮苹果卷

补血养颜，养心益气

原材料 苹果300克，黑枣35克，酥皮75克，春卷皮适量
调味料 糖35克，朗姆酒适量，芒果香草酱适量

做法

1. 将苹果去皮切块；将黑枣去子切丁；将酥皮解冻后切丁备用。将苹果放锅中，加糖及朗姆酒，翻炒煮出汁，放黑枣丁拌匀后即为馅料。取2张春卷皮重叠摊平，铺上馅料，卷成枕头状。将剩余材料以相同方法完成。
2. 用毛刷蘸取适量芒果香草酱刷在春卷皮上，均匀撒上酥皮丁，放入烤箱以200℃烘烤10分钟至表面金黄即可。

胡萝卜酱汁

原材料 胡萝卜100克，奶油50克

调味料 果糖25克

做法

1. 将胡萝卜榨汁。
2. 与果糖、打发的奶油一起搅匀即可。

应用： 用于甜点。

保存： 室温下可保存1天，冷藏可保存15天。

烹饪提示： 胡萝卜榨汁后不能久放，以免其中的维生素被空气氧化。

推荐菜例

萝卜饼

开胃健脾，顺气化痰

原材料 白萝卜150克，面粉150克，黏米粉50克，葱60克

调味料 盐5克，糖10克，胡萝卜酱汁适量

做法

1. 将面粉内加入黏米粉；将萝卜切成丝，将萝卜丝放入面粉内。
2. 加入所有调味料和适量水，将所有材料拌匀，呈面糊状。
3. 煎锅中放上模具，然后将面糊倒入模具中成饼形；再将饼煎至两面金黄色，装入盘中即可。

芒果洋葱酱

原材料 芒果丁80克，洋葱丁12克，香菜5克

调味料 芒果汁20毫升

做法

1. 将芒果丁、洋葱丁和香菜清洗干净。
2. 将所有原材料和调味料混合一起拌匀。

应用：可搭配甜品类食物食用。
保存：冷藏可保存3天。
烹饪提示：如加入少许糖，会别有一番风味。

推荐菜例

糖麻团

健脾暖胃，补益中气

原材料 白芝麻100克，糯米面团150克

调味料 糖100克，芒果洋葱酱、油各适量

做法

1. 将面团搓成长条，切成20克一个的剂子，搓成圆球形，均匀裹上白芝麻。
2. 将白糖放入锅中炒成糖浆。
3. 将麻团入150℃的油锅中炸5分钟，捞出后放入糖浆中慢慢翻动至熟，装盘。配以芒果洋葱酱食用即可。

白芝麻

糖

柠檬瑕荑沙拉酱

原材料 瑕荑葱、红葱头、柠檬片、红胡椒各适量

调味料 盐3克，糖10克，胡椒粉15克，橄榄油、柠檬汁各适量

做法

1. 将红胡椒、红葱头、瑕荑葱均洗净，切碎。
2. 再与柠檬片、调味料混合均匀即可。

应用： 适用于各种肉食、海鲜。
保存： 室温下可保存2天，冷藏可保存20天。
烹饪提示： 柠檬汁应该选用新鲜柠檬榨的汁。

推荐菜例

芹菜虾仁

益气壮阳，开胃化痰

原材料 芹菜100克，虾仁150克，番茄片适量

调味料 盐2克，料酒、麻油各适量，柠檬瑕荑沙拉酱适量

做法

1. 将芹菜清洗干净以后，切成长短一致的段。
2. 将虾仁清洗干净，再加入盐、料酒进行腌渍。
3. 锅置火上，注入清水烧开，放入芹菜、虾仁烫熟后捞出。
4. 将芹菜、虾仁加入盐、麻油同拌匀，盛入摆有番茄片的盘中，配以柠檬瑕荑沙拉酱食用即可。

猕猴桃奶油沙拉酱

原材料 酸奶25毫升，猕猴桃15克，酸奶油30克

调味料 猕猴桃酱20克

做法

1. 将猕猴桃去皮洗净，切丁。
2. 再与其他的原材料、调味料混合均匀即可。

应用：可作为沙拉酱使用。
保存：室温下可保存2天，冷藏可保存15天。
烹饪提示：猕猴桃用时再切。

推荐菜例

火龙果猕猴桃沙拉

排毒护胃，瘦身美容

原材料 火龙果、猕猴桃各80克

调味料 橙汁适量，猕猴桃奶油沙拉酱适量

做法

1. 将火龙果去皮，洗净，切成丁；将猕猴桃去皮，洗净，切片。
2. 将猕猴桃与火龙果摆入盘中。
3. 淋入橙汁，配以猕猴桃奶油沙拉酱食用即可。

火龙果

猕猴桃

百香果沙拉酱

原材料 百香果15克，酸奶油30克，酸奶20毫升

调味料 百香果酱25克

做法

1. 将百香果清洗干净，切成碎末。
2. 将原材料和调味料混合均匀即可。

应用：可作为沙拉酱。

保存：室温下可保存2天，冷藏可保存20天。

烹饪提示：百香果要选用新鲜的。

推荐菜例

鲜虾沙拉

益气壮阳，降低血糖

原材料 明虾、生菜、红椒、洋葱、西芹各适量

调味料 白兰地酒1毫升，胡椒粉、盐、鸡精各少许，油醋汁适量，百香果沙拉酱适量

做法

1. 将明虾洗净汆熟，用油醋汁以外的调味料腌渍。
2. 将所有蔬菜洗净，改刀。
3. 将生菜铺在碟子底部，上面放红椒、洋葱、西芹，旁边放已腌好的明虾，伴油醋汁进食。

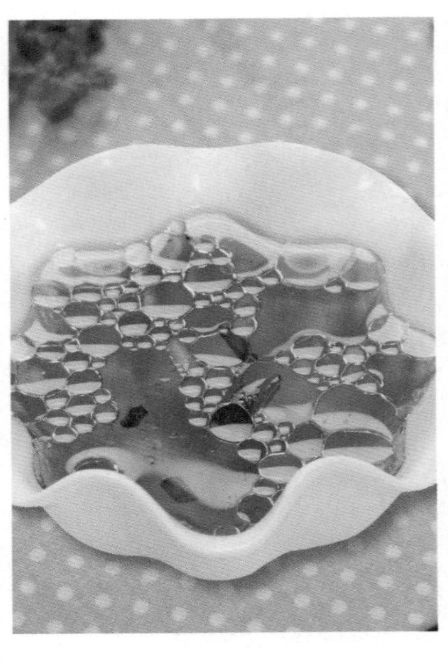

柚子沙拉酱

原材料 葡萄泥25克，葱花3克

调味料 麻油5毫升，柚子醋12毫升，酒8毫升

做法

1. 将葡萄泥、柚子醋、酒、麻油一起混合拌匀。
2. 最后以葱花点缀即可。

应用：用来蘸火锅料或蘸生鱼片。

保存：室温下可保存2天，冷藏可保存10天。

烹饪提示：若用白葡萄泥，能使酱汁更清香可口。

推荐菜例

橙片全麦三明治

补脾健胃，增强免疫力

原材料 全麦吐司4片，柳橙、鸡蛋各1个，生菜2片，火腿2片

调味料 柚子沙拉酱适量

做法

1. 把柳橙削皮，横切成薄片。
2. 将生菜洗净拭干；将鸡蛋入锅煎熟。
3. 将吐司夹一片火腿片，再夹一片吐司、柳橙片，再夹一片吐司、生菜、鸡蛋，依序层层铺好，切边，再沿对角线斜切成两份，配以柚子沙拉酱食用即可。

腊肉洋葱沙拉酱

原材料 腊肉20克，洋葱10克

调味料 橄榄油35毫升，盐、胡椒各少许，柠檬汁8毫升

做法

1. 将洋葱洗净，切碎；将腊肉切片。
2. 与调味料混合调匀即可。

应用：适合用来搭配时蔬使用。

保存：室温下可保存3天，冷藏可保存15天。

烹饪提示：柠檬汁的适量添加可使酱汁爽口不油腻。

推荐菜例

胡萝卜洋葱沙拉

益肝明目，预防感冒

原材料 花菜、胡萝卜、洋葱、圣女果各80克

调味料 沙拉酱适量，腊肉洋葱沙拉酱适量

做法

1. 将花菜洗净，切块；将胡萝卜洗净，切条；将洋葱洗净，切块；将圣女果洗净。
2. 将花菜、胡萝卜、洋葱分别入沸水锅中焯水后捞出。
3. 将花菜、胡萝卜、洋葱、圣女果一起装入碗中。
4. 挤入沙拉酱拌匀，配以腊肉洋葱沙拉酱即可食用。

菠菜酱

原材料 菠菜120克

调味料 白酒醋20毫升，糖20克，橄榄油30毫升

做法

1. 将菠菜洗净，切段。
2. 将菠菜、橄榄油、白酒醋、糖充分搅拌均匀即可。

应用：用于蔬果沙拉、海鲜沙拉或者直接食用。

保存：冷藏可保存15天，冷冻可保存30天。

烹饪提示：用葵花籽油代替橄榄油味道也一样好。

推荐菜例

木瓜酱海鲜沙拉

预防感冒，益气壮阳

原材料 红甜椒、黄甜椒各50克，草虾、鲷鱼、鱿鱼、木瓜果肉、低脂原味优酪乳各适量

调味料 蜂蜜、柠檬汁、意大利综合香料、盐、米酒各适量，菠菜酱适量

做法

1. 将木瓜果肉、蜂蜜、柠檬汁、意大利综合香料、原味优酪乳入果汁机内打成泥即为木瓜酱；红甜椒、黄甜椒洗净，去子切小丁；草虾洗净；鲷鱼切小片；鱿鱼洗净切段，与草虾、鲷鱼同入沸水，加盐、米酒，汆熟捞起。
2. 将所有海鲜料与甜椒混合拌匀，淋上木瓜酱和菠菜酱即可。

菠菜沙拉酱

原材料 菠菜、洋葱、熟鸡蛋各适量

调味料 盐3克，糖5克，胡椒粉2克，蛋黄酱适量

做法

1. 将洋葱洗净，切碎；将熟鸡蛋捣碎；将菠菜洗净，焯水后沥干。
2. 将蛋黄酱和蛋碎混合，加菠菜、洋葱碎同拌，调入盐、糖、胡椒粉拌匀。

应用：可以用于各式蔬菜沙拉、水果沙拉等。

保存：冷藏可保存3天。

烹饪提示：将菠菜汆烫后入冰水浸泡，可保持菠菜的新鲜度。

推荐菜例

虾米拌菠菜

润燥滑肠，清热除烦

原材料 水发虾米30克，菠菜500克，熟芝麻5克，姜末适量

调味料 盐3克，醋10毫升，麻油5毫升，味精2克，花椒油适量，菠菜沙拉酱适量

做法

1. 将菠菜清洗干净，放入沸水锅内焯透，捞入凉开水内过凉，取出沥干水，切成3厘米长的段。
2. 将盐、味精、熟芝麻、醋、麻油、花椒油、姜末和菠菜沙拉酱同放一碗内调成味汁。
3. 将味汁浇在菠菜上，撒上虾米，调拌均匀即成。

果糖沙拉酱

原材料 梨1个

调味料 猕猴桃汁、果糖、柠檬汁各适量，蛋黄酱10克

做法

1. 将梨去皮，洗净，切片。
2. 将蛋黄酱、猕猴桃汁、果糖、柠檬汁混匀，放上梨片即可。

应用：可用于水果、蔬菜沙拉。
保存：冷藏可保存3天。
烹饪提示：此酱中的果糖也可用白糖来代替。

推荐菜例

姜汁番茄

祛斑美容，延缓衰老

原材料 番茄150克，老姜50克

调味料 醋、酱油各10毫升，红糖适量，果糖沙拉酱适量

做法

1. 将番茄洗净，切块，装盘备用。
2. 将老姜去皮洗净，切末。
3. 将姜末装入碟中，加醋、酱油拌匀。
4. 再加入红糖和果糖沙拉酱调匀成味汁，食用时蘸上味汁即可。

番茄

红糖

洋葱甜菜酱

原材料 洋葱10克，红葱头15克，红甜菜10克，茵陈蒿10克

调味料 盐3克，辣椒粉15克，红酒醋15毫升，橄榄油20毫升

做法

1. 将洋葱、红葱头、红甜菜洗净，切碎；茵陈蒿洗净，切丝。
2. 与调味料混合均匀即可。

应用： 适用于蔬菜、肉食等沙拉。

保存： 室温下可保存2天，冷藏可保存20天。

烹饪提示： 辣椒粉应选用朝天椒粉。

推荐菜例

菠萝烤鸭

滋养肺胃，补阴益血

原材料 挂炉烤鸭1只，菠萝1个

调味料 盐、味精、酱油、醋、芥末、麻油各适量，洋葱甜菜酱适量

做法

1. 用芥末、酱油、醋、味精、盐、麻油、洋葱甜菜酱兑成汁。
2. 把烤鸭剁成4厘米长、3厘米宽的长方块，码入盘内；将菠萝切成扇块。
3. 将菠萝扇块围在鸭子周围；再将兑好的汁浇在鸭肉上即成。

苹果沙拉酱

原材料 苹果块30克

调味料 苹果醋25毫升，糖10克，盐3克，柠檬汁20毫升，橄榄油15毫升

做法

1. 将上述原材料与调味料依次放碗里。
2. 将它们混合搅拌均匀即可。

应用：用于各种肉食、海鲜等沙拉。

保存：室温下可保存4天，冷藏可保存25天。

烹饪提示：将苹果用盐水泡过便不易变色。

推荐菜例

苹果火龙果沙拉

排毒护胃，瘦身美容

原材料 苹果、西瓜、火龙果各100克，奶油适量

调味料 苹果沙拉酱适量

做法

1. 将苹果洗净去核，切块；将西瓜去皮取肉，切块；将火龙果去皮，切块。
2. 将苹果、西瓜、火龙果放玻璃碗内。
3. 挤上奶油。
4. 拌匀，摆盘，配以苹果沙拉酱即可。

西瓜

火龙果

葡萄沙拉酱

原材料 红葡萄干、洋葱、苹果、西芹各适量

调味料 盐、胡椒粉各3克，油、白酒醋各适量

做法

1. 西芹、苹果洗净切丁；洋葱洗净切丝。
2. 油锅烧热，放洋葱炒香。
3. 将苹果、红葡萄干、洋葱、西芹混合，调入盐、胡椒粉、白酒醋拌匀。

应用：可用于各类沙拉。
保存：室温下可保存2天，冷藏可保存15天。
烹饪提示：苹果要现切现用。

推荐菜例

酸辣苹果丝

补血养颜，健脾益胃

原材料 苹果半个，青甜椒30克，红辣椒少许，黄瓜片适量

调味料 白醋、白糖、盐各少许，葡萄沙拉酱适量

做法

1. 将苹果用清水洗净后切成丝，泡在盐水中，再用冷开水冲洗一遍，沥去水分后备用。
2. 将青甜椒、红辣椒洗干净后切成丝。
3. 将所有原材料加入白醋、白糖、盐拌匀，再淋上葡萄沙拉酱即可。

酸奶柠檬沙拉酱

原材料 酸奶30毫升，柠檬皮碎20克，酸奶油适量

调味料 柠檬汁15毫升

做法

1. 将上述原材料与调味料依次放碗里。
2. 将它们混合搅拌均匀即可。

应用：可用于水果、海鲜沙拉。
保存：室温下可保存3小时，冷藏可保存25天。
烹饪提示：要用新鲜柠檬汁。

推荐菜例

龙虾沙拉

补肾壮阳，通乳抗毒

原材料 熟龙虾1只，熟龙虾肉50克，熟土豆1个

调味料 橄榄油15毫升，柠檬汁8毫升，酸奶柠檬沙拉酱适量

做法

1. 将熟土豆切丁；将熟龙虾去壳取肉切丁。
2. 将土豆、橄榄油、柠檬汁拌匀，备用。
3. 将龙虾取头尾，摆盘上下各一边，中间放入调好的沙拉，面上摆龙虾肉，再用酸奶柠檬沙拉酱拉网即可。

芥末番茄沙拉酱

原材料 奶油50克

调味料 糖4克，盐、黑胡椒粉各少许，芥末15克，番茄酱10克，白兰地酒8毫升，柠檬汁适量

做法

1. 将上述原材料与调味料依次放碗里。
2. 将它们混合搅拌均匀即可。

应用： 可用于各类沙拉。
保存： 冷藏可保存12天。
烹饪提示： 白兰地酒也可用一般的酒代替。

推荐菜例

金枪鱼酿番茄

减肥瘦身，消除疲劳

原材料 生菜100克，金枪鱼50克，番茄3个

调味料 芥末番茄沙拉酱适量

做法

1. 将番茄去蒂托，洗净去籽；将生菜洗净切细丝。
2. 将切好的生菜装盘，放入芥末番茄沙拉酱搅拌均匀。
3. 将已调好芥末番茄沙拉酱的生菜放入番茄肚内，铺上金枪鱼即可。

生菜

金枪鱼

红酒沙拉酱

调味料 红酒醋40毫升，橄榄油30毫升，糖6克，盐4克，黑胡椒粉少许

做法

1. 将上述调味料依次放碗里。
2. 将它们混合搅拌均匀即可。

橄榄油

糖

应用：可用于蔬菜沙拉或拌面。
保存：室温下可保存3天，冷藏可保存14天。
烹饪提示：橄榄油可以用其他食用油来代替。

红毛丹酱汁

原材料 红毛丹100克，奶油50克
调味料 果糖15克

做法

1. 将红毛丹去皮去籽。
2. 放入调理机中与奶油、水、果糖一起打发均匀。

应用：用于甜点。
保存：室温下可保存1天，冷藏可保存6天。
烹饪提示：红毛丹又叫“毛荔枝”，在超市即可购买到。

草莓酸奶沙拉酱

原材料 酸奶30毫升，草莓25克，酸奶油30克

调味料 草莓酱15克

做法

1. 将鲜草莓洗干净，切碎。
2. 将原材料和调味料混合均匀即可。

酸奶

草莓

应用：可作为沙拉酱使用。

保存：室温下可保存2天，冷藏可保存15天。

烹饪提示：草莓需要时再切。

蓝莓沙拉酱

原材料 酸奶30毫升，起司适量，鲜蓝莓15克

调味料 白兰地酒30毫升，蓝莓酱20克

做法

1. 将蓝莓洗干净，切成小块。
2. 将原材料和调味料混合均匀即可。

应用：可作为沙拉酱。

保存：室温下可保存5天，冷藏可保存15天。

烹饪提示：蓝莓要现用现切。

奶油红椒沙拉酱

原材料 奶油30克，大蒜15克，红椒片适量

调味料 匈牙利红椒粉、辣椒粉、盐、胡椒粉各适量，蛋黄酱15克

做法

1. 将大蒜洗净，切碎。
2. 再与剩余的原材料、调味料混合均匀即可。

应用：适用于海鲜、蔬菜沙拉。
保存：室温下可保存2天，冷藏可保存15天。
烹饪提示：匈牙利红椒粉可以改善酱汁的色泽。

水果调味酱

原材料 多种水果适量

调味料 香橙酒30毫升，糖水80毫升，橙汁20毫升，柠檬汁30毫升

做法

1. 将香橙酒、橙汁、柠檬汁、糖水一起搅拌均匀。
2. 然后将水果放入其中即可。

应用：可做饮品或沙拉的调味汁。
保存：室温下可以保存2天，冷藏可以保存7天。
烹饪提示：如果不喜欢太甜的味道，可以将柠檬汁稍微多放一点。

卡士达蛋黄酱

原材料 奶油40克，牛奶50毫升，蛋黄1个，面粉、玉米粉各8克

调味料 糖10克

做法

1. 将牛奶与糖、蛋黄先搅拌均匀，再加入玉米粉、面粉拌匀。
2. 将奶油放锅中化开，加入步骤1中的混合食材，慢慢加热至浓稠。

应用： 用于制作蛋糕。
保存： 冷藏可以保存5天。
烹饪提示： 因为此酱中有蛋黄，所以不要在室温下保存。

青苹果酱汁

原材料 青苹果1个，奶油50克，玉米粉8克

调味料 果糖15克

做法

1. 将玉米粉用水调开；将青苹果洗净，去皮、去籽，切块。
2. 将所有的原材料和果糖放入调理机中搅拌均匀即可。

应用： 用于沙拉或甜品。
保存： 室温下可保存12小时，冷藏可保存5天。
烹饪提示： 加入玉米粉水，酱汁会变得细腻。

水蜜桃酱汁

原材料 罐头水蜜桃1个

调味料 黄色果糖50克

做法

1. 将罐头水蜜桃切小块。
2. 再与凉开水、黄色果糖一起搅拌均匀即可。

应用：用于甜品。

保存：室温下可保存2天，冷藏可保存5天。

烹饪提示：可将水蜜桃榨汁以后再做成酱汁，口感更好。

甜白兰地酱

原材料 蛋黄3个

调味料 糖40克，白兰地酒30毫升

做法

1. 先将蛋黄、糖、白兰地酒放入容器中一起混合搅拌均匀。
2. 再隔水加热搅拌至酱汁呈现浓稠状时即可。

应用：用于甜品、点心。

保存：室温下可保存2小时。

烹饪提示：在加热时注意温度的变化，不要太高，否则蛋黄很容易呈凝固状。

芥末红醋沙拉酱

原材料 洋葱10克，水煮蛋1个，牛肉高汤适量

调味料 红醋50毫升，糖4克，盐、黑胡椒粉各少许，法式芥末酱6克

做法

1. 将洋葱洗净，切碎；将水煮蛋切碎。
2. 将二者与其他原材料和调味料混合拌匀即可。

应用： 此酱汁是沙拉调味汁。
保存： 室温下可保存2天，冷藏可保存15天。
烹饪提示： 芥末酱的量依个人喜好酌量而定。

椰奶沙拉酱

原材料 酸奶20毫升，椰奶20毫升，大蒜适量

调味料 蛋黄酱20克，咖喱粉15克，豆蔻粉20克

做法

1. 将大蒜洗净，切碎。
2. 与剩余原材料与调味料混匀即可。

应用： 适用于各种海鲜、蔬菜沙拉。
保存： 室温下可保存5小时，冷藏可保存8天。
烹饪提示： 加少许洋葱口感会更好。

牛奶蛋黄酱

原材料 牛奶80毫升，蛋黄5个，玉米粉、面粉各30克

调味料 糖40克，香草精3克

做法

1. 将糖、蛋黄、玉米粉和面粉加适量水，慢慢搅拌成面糊。
2. 锅置火上，倒入牛奶及香草精以中火慢慢烧开，再放入拌好的面糊，煮至浓稠即可。

应用： 用于点心。

保存： 冷藏可保存5天。

烹饪提示： 原材料不能一次混合，否则酱会不均匀。

香橙紫苏酱

原材料 柳橙80克，紫苏叶10克

调味料 橙汁20毫升

做法

1. 将柳橙去皮、去子，切块。
2. 与紫苏叶、橙汁一起混合即可。

应用： 用于蘸食点心。

保存： 室温下可以保存3小时，冷藏可以保存3天。

烹饪提示： 如果喜欢酸味，可以再加点柠檬汁。

柳橙蛋黄沙拉酱

原材料 柳橙皮15克

调味料 蛋黄酱80克，橘子酒20毫升，柳橙汁60毫升

做法

1. 将柳橙皮洗净，切碎。
2. 锅置火上，放入橘子酒、碎柳橙皮、柳橙汁，用小火煮开，放凉后加入蛋黄酱搅匀即可。

应用： 用于点心。

保存： 室温下可保存2天，冷藏可保存10天，冷冻可保存30天。

烹饪提示： 此酱冷藏一晚后再用，味道更好。

芒果柳橙沙拉酱

原材料 芒果果泥25克，芒果15克

调味料 蛋黄酱20克，柳橙汁30毫升

做法

1. 将芒果洗净，切丁。
2. 再与其他的原材料、调味料混合均匀即可。

应用： 适用于肉食、海鲜沙拉。

保存： 室温下可保存2天，冷藏可保存15天。

烹饪提示： 芒果要选用新鲜的。

橄榄芥末沙拉酱

调味料 橄榄油20毫升，芥末酱15克，白酒醋25毫升，糖10克，盐3克，胡椒粉10克

做法

1. 将白酒醋、芥末酱搅拌均匀后加入糖、盐和胡椒粉。
2. 接着放入橄榄油拌匀即可。

应用： 适用于蔬菜、肉类沙拉。
保存： 室温下可保存3天，冷藏可保存15天。
烹饪提示： 油醋的比例可以根据个人口味来定。

辣味橄榄沙拉酱

原材料 大蒜、辣椒、月桂叶、黑橄榄、鲜迷迭香各适量
调味料 盐3克，橄榄油适量

做法

1. 将辣椒、月桂叶洗净，切碎。
2. 锅烧热后，放橄榄油将大蒜炒香后放入迷迭香、辣椒、盐和月桂叶炒匀。
3. 冷却后加入黑橄榄拌匀即可。

应用： 主要用于拌沙拉。
保存： 冷藏可保存8天。
烹饪提示： 可以用百里香来代替迷迭香做酱。

茄香沙拉酱

原材料 番茄15克，罗勒20克

调味料 盐3克，胡椒粉15克，橄榄油30毫升，巴沙米可25克

做法

1. 将番茄清洗干净，切成丁；将罗勒洗净，切碎。
2. 再将所有的原材料、调味料混合均匀即可。

应用： 适用于各种肉食、海鲜沙拉。
保存： 室温下可保存3天，冷藏可保存15天。
烹饪提示： 晚点放入罗勒，否则酱汁易变黑。

巴沙米可沙拉酱

原材料 罗勒25克

调味料 巴沙米可20克，橄榄油15毫升，盐3克，胡椒粉20克

做法

1. 将罗勒洗净，切碎。
2. 与调味料拌匀即可。

应用： 适用于各种肉类、海鲜沙拉。
保存： 室温下可保存2天，冷藏可保存18天。
烹饪提示： 罗勒不要加入过早，避免酱汁变黑。

蒜香椰奶咖喱沙拉酱

原材料 蒜末、椰浆各适量

调味料 盐1克，柠檬汁5毫升，咖喱粉、沙拉酱各适量

做法

1. 将咖喱粉、柠檬汁入碗拌匀，入微波炉加热成咖喱汁，取出晾凉。
2. 将沙拉酱与椰浆混合，加盐搅匀，再与蒜、咖喱汁混匀。

应用：用于肉类、鱼类菜肴。

保存：室温下可保存2天。

烹饪提示：咖喱粉能够提升肉类沙拉的醇香滋味。

奶油香槟酱

原材料 奶油100克

调味料 红醋20毫升，香槟酒30毫升，柠檬汁25毫升

做法

1. 将奶油充分打发。
2. 将香槟酒、柠檬汁、红醋放入打发的奶油中搅拌均匀即可。

应用：用于水果沙拉或蔬菜沙拉。

保存：室温下可保存3天，冷藏可保存14天。

烹饪提示：做酱时，奶油要打发得硬一点，这样做出的酱更有质感。

鳀鱼沙拉酱

原材料 香芹少许，酸奶、鳀鱼、酸豆、洋葱各适量

调味料 蛋黄酱25克，胡椒粉15克，芥末子酱适量

做法

1. 将香芹、洋葱、鳀鱼、酸豆清洗干净，切碎。
2. 再与剩余的原材料、调味料混匀。

应用：可作为沙拉酱或制作水果沙拉时使用。

保存：室温下可保存2天，冷藏可保存20天。

烹饪提示：切碎的食物需沥干水分后再与其他食材混合。

辣味沙拉酱

原材料 酸豆20克，大蒜15克，酸奶50毫升

调味料 番茄酱10克，辣椒酱8克，辣椒水5毫升

做法

1. 将大蒜洗净，切末。
2. 与其他原材料和调味料一起拌匀。

应用：用于沙拉。

保存：室温下可保存2天，冷藏可保存15天，冷冻可保存30天。

烹饪提示：此酱冷藏一晚后再使用，风味更佳。

芥末籽沙拉酱

原材料 鳀鱼30克，大蒜10克，芥末籽25克

调味料 白酒醋20毫升，盐3克，橄榄油15毫升，胡椒粉10克

做法

1. 将鳀鱼、大蒜洗净，切碎。
2. 再将所有的原材料、调味料混合均匀即可。

应用： 适用于肉食、海鲜沙拉。
保存： 室温下可保存2天，冷藏可保存18天。
烹饪提示： 鳀鱼可使酱汁更加鲜美。

番茄松子沙拉酱

原材料 松子10克、核桃、番茄、香芹末各适量，蒜片15克

调味料 盐5克，蜂蜜、橄榄油、白醋、柠檬汁各适量

做法

1. 将番茄洗净，切碎。
2. 与其他原材料和调味料搅匀。

应用： 用于沙拉。
保存： 室温下可保存1天，冷藏可保存10天。
烹饪提示： 有条件的话可将所有的原材料放搅拌机中打碎。

特制沙拉酱

原材料 洋葱适量

调味料 盐、辣椒粉、胡椒粉各3克，红油、蛋黄酱、醋、柠檬汁、番茄酱各适量

做法

1. 将洋葱洗净，切成末。
2. 与调味料拌匀即可。

洋葱

柠檬汁

应用：可用于各类沙拉。
保存：冷藏可保存3天。
烹饪提示：可加入少许蜂蜜增加风味。

果香沙拉酱

调味料 水果醋20毫升，柑橘醋10毫升，橄榄油8毫升，盐、胡椒各适量

做法

1. 将柑橘醋与水果醋拌匀，再慢慢地加入橄榄油。
2. 再加入剩余调味料即可。

应用：适合用来搭配时蔬。
保存：室温下可保存2天，冷藏可保存15天。
烹饪提示：柑橘醋的种类很多，依个人喜好选择。

白酒醋沙拉酱

原材料 红葱头少许

调味料 白酒醋30毫升，橄榄油20毫升，白葡萄酒15毫升，果糖10克，盐、黑胡椒粉各适量，月桂叶少许

做法

1. 将红葱头、月桂叶洗净，切碎。
2. 与其他调味料搅拌均匀即可。

应用： 此酱汁是沙拉调味汁。
保存： 室温下可保存2天，冷藏可保存20天。
烹饪提示： 橄榄油可以用其他食用油来代替。

橄榄油沙拉酱

调味料 橄榄油、白酒醋各适量，盐、胡椒粉各3克

做法

1. 将上述调味料依次放碗里。
2. 将它们混合搅拌均匀即可。

应用： 可用于搭配蔬菜或海鲜。
保存： 室温下可保存2天，冷藏可保存15天。
烹饪提示： 将此酱冷藏一晚，可以增加风味。

薄荷沙拉酱

原材料 薄荷冻30克，新鲜薄荷15克

调味料 蛋黄酱25克，柠檬汁20毫升

做法

1. 将薄荷洗净，切碎。
2. 再与原材料、调味料混合均匀即可。

薄荷

柠檬汁

应用：适用于海鲜、肉食沙拉。

保存：室温下可保存15天。

烹饪提示：新鲜薄荷能使酱汁有一股淡淡的清香。

鲣鱼沙拉酱

原材料 鲣鱼罐头、大蒜各适量

调味料 橄榄油10毫升，白酒醋、白葡萄酒各适量，盐、胡椒粉各3克

做法

1. 将大蒜洗净，切末；将鲣鱼罐头加入白葡萄酒和橄榄油拌匀。
2. 调入盐、胡椒粉、白酒醋、蒜末调拌均匀即可。

应用：可用于各类沙拉。

保存：室温下可保存3天，冷藏可保存20天。

烹饪提示：可以用冷开水来代替白葡萄酒。

第五章

营养健康的各式做菜酱

海鲜酱、洋葱酱、奶油酱、豆瓣酱、胡椒酱……调出好酱，有助于做出好菜。

烹饪大师精心挑选的绝妙好酱，手把手教您掌握酱料的调味秘诀，让您与大厨媲美，轻松做出营养又健康的私房好菜。

蘑菇酱

原材料 洋葱、蘑菇片、杏桃、奶油、面粉各适量

调味料 盐3克，浓缩柳橙汁、油、咖喱粉各适量

做法

1. 将洋葱洗净，切丁；将杏桃用果汁机打匀。
2. 油锅烧热，下咖喱粉、洋葱丁、蘑菇片炒香，再加入杏桃及其余原材料和调味料，用中火煮开即可。

应用：用于炸肉类食物。

保存：室温下可保存2天，冷藏可保存8天，冷冻可保存25天。

烹饪提示：可用香菇片代替蘑菇片。

推荐菜例

干炸小黄鱼

泽肤养发，滋补健胃

原材料 小黄鱼适量，鸡蛋30克，面粉35克

调味料 盐3克，味精1克，料酒30毫升，淀粉15克，蘑菇酱、油各适量

做法

1. 将小黄鱼剖肚去内脏洗净，用料酒、盐、味精腌渍入味。
2. 将鸡蛋、面粉、淀粉搅拌均匀成面糊，下入小黄鱼挂上面糊。
3. 锅中倒入油烧热，放入小黄鱼炸至鱼身两面呈金黄色，捞出控油，配以蘑菇酱食用即可。

柠檬蜂蜜酱

原材料 柠檬片少许

调味料 柠檬汁30毫升，芥末20克，蜂蜜25毫升

做法

1. 将上述原材料与调味料依次放碗里。
2. 将它们混合搅拌均匀即可。

柠檬

芥末

应用：可搭配各种肉食食用。
保存：冷藏可保存3天。
烹饪提示：柠檬汁使此酱味道更香。

推荐菜例

东坡脆皮鱼

养肝补血，泽肤养发

原材料 鲤鱼500克，姜3克，葱5克，香菜10克，红椒圈适量

调味料 料酒5毫升，胡椒粉、淀粉各5克，盐、糖各3克，油、柠檬蜂蜜酱各适量

做法

1. 将鲤鱼洗净，两面打上花刀；将葱、姜洗净切碎；将香菜洗净，切段。
2. 将鲤鱼用葱、姜、盐、料酒、胡椒粉腌渍，拣除葱、姜，用淀粉加水挂糊，拍上淀粉。
3. 油锅烧热，下入鲤鱼，炸至表皮酥脆装盘。
4. 锅中加入糖和柠檬蜂蜜酱炒匀，浇在鱼上，撒上香菜、红椒圈即可。

甜椒奶油酱

原材料 奶油、蔬菜高汤、黄甜椒各适量，洋葱少许

调味料 盐3克，胡椒粉15克

做法

1. 将黄甜椒去外层膜、籽和蒂，加入洋葱和蔬菜高汤煮10分钟后滤出食材。
2. 将该食材以调理机打匀、过滤，再放入锅中，加入调味料稍煮后，起锅前入奶油拌匀即可。

应用：适用于各种海鲜料理。

保存：室温下可保存2天，冷藏可保存17天。

烹饪提示：本酱汁存放过久会有沉淀，使用前要拌匀。

推荐菜例

三文鱼冷豆腐

降低血脂，延缓衰老

原材料 三文鱼80克，豆腐100克，番茄丁20克，紫菜丝10克，葱丝、姜末、熟芝麻各适量

调味料 盐、酱油各适量，甜椒奶油酱适量

做法

1. 将豆腐洗净，放入冰水中浸泡10分钟后，捞出盛入盘中；将三文鱼洗净切成片，置于豆腐上，再放上番茄丁和紫菜丝、葱丝。
2. 将盐、酱油、姜末、熟芝麻以及甜椒奶油酱调成味汁，淋在三文鱼豆腐上即可。

橙汁调味酱

原材料 鸡高汤、面粉各适量

调味料 盐、辣椒粉、黑胡椒粉各3克，糖5克，柳橙汁、白酒各适量

做法

1. 将鸡高汤、柳橙汁、面粉混合。
2. 加入盐、辣椒粉、黑胡椒粉、糖、白酒拌匀即可。

应用：用于煎烤肉、海鲜类食物。

保存：室温下可保存2天，冷藏可保存15天。

烹饪提示：此酱中可以加入柠檬汁来化解辣味。

推荐菜例

黑椒汁煎鸭脯

滋养肺胃，补阴益血

原材料 鸭脯200克，红椒、葱各20克

调味料 盐3克，黑胡椒汁、料酒、油各适量，橙汁调味酱适量

做法

1. 将鸭脯洗净，切成片，放入盐、料酒腌渍入味；将葱、红椒洗净切碎。
2. 锅中入油烧热，下入鸭脯煎至断生。
3. 另起锅，烧热油，放入黑胡椒汁、橙汁调味酱稍煮，再放入鸭脯翻炒片刻，撒上葱、红椒，炒熟即可。

香菜沙拉酱

原材料 香菜、奶油各适量

调味料 盐3克，糖6克，黑胡椒粉2克，法式芥末酱、柠檬汁各适量

做法

1. 将香菜洗净，切末。
2. 将柠檬汁、法式芥末酱、糖、奶油拌匀，调入盐、黑胡椒粉，撒上香菜末即可。

应用：可用于海鲜类菜肴。

保存：室温下可保存1天，冷藏可保存10天。

烹饪提示：黑胡椒粉也可以用白胡椒粉代替。

推荐菜例

烧汁鳗鱼

补虚养血，强精壮肾

原材料 鳗鱼2条，熟芝麻适量

调味料 盐、料酒、日式烧汁、生抽、水淀粉各适量，香菜沙拉酱适量

做法

1. 将鳗鱼洗净，汆水后沥干切块，放盐、料酒、少许日式烧汁腌半小时。
2. 将烤箱调至180℃，预热以后放入鳗鱼，烤10分钟，翻面涂上酱汁，再烤10分钟，取出。
3. 锅烧热，放入日式烧汁、生抽、香菜沙拉酱烧开，以水淀粉勾芡，淋在鳗鱼上，撒上熟芝麻即可。

印度咖喱酱

原材料 高汤40毫升，姜适量

调味料 麻油8毫升，白胡椒粉、黑胡椒粉各8克，茴香粉、丁香粉、姜黄粉、豆蔻粉各适量

做法

1. 将姜洗净，切成末。
2. 锅上火，煸炒姜、茴香粉、丁香粉、姜黄粉、豆蔻粉。
3. 加入高汤及其余调味料调味即可。

应用：用于海鲜、肉类等。

保存：室温下可保存2天，冷藏可保存14天。

烹饪提示：煸炒时不可炒太久，避免炒焦。

推荐菜例

水芹小笋炒猪柳

滋阴润燥，补血养颜

原材料 水芹200克，竹笋200克，猪肉300克，红椒15克，香菜碎少许

调味料 盐3克，鸡精1克，油、印度咖喱酱、淀粉、料酒各适量

做法

1. 将水芹洗净，去叶，切成段；将竹笋洗净，切成段；将猪肉洗净，切成条，用料酒、盐、淀粉拌匀；将红椒洗净，切成段。
2. 锅中倒油烧热，放入猪肉条炒至变色，放入竹笋、水芹段、红椒段，煸炒均匀。加入适量水焖煮至熟。
3. 加入盐、鸡精、印度咖喱酱调味，撒上香菜碎，出锅即可。

干百里波特酱

原材料 洋葱、红葱头各15克，奶油、牛肉原汁各适量

调味料 波特酒、干百里香、盐、胡椒粉各适量

做法

1. 将洋葱、红葱头均洗净，切碎；锅烧热，放入奶油煮至融化，炒香洋葱碎和红葱头碎，加入波特酒煮沸。
2. 加入牛肉原汁和其他调味料，煮至浓稠即可。

应用：适用于肉食菜品。
保存：冷藏可保存6天。
烹饪提示：波特酒也可用红酒代替。

推荐菜例

鱼香土豆肉丝

滋阴润燥，补血养颜

原材料 猪瘦肉300克，土豆50克，黑木耳60克，葱末适量

调味料 盐、味精、糖、醋、豆瓣酱、酱油、油各适量，干百里波特酱适量

做法

1. 将猪瘦肉洗净，切成丝；将土豆去皮洗净，切丝；将黑木耳泡发洗净。
2. 炒锅注油烧热，放入肉丝翻炒至变色，再放土豆丝、黑木耳一起炒匀。
3. 再倒入豆瓣酱、酱油、干百里波特酱、葱末炒至熟后，加入盐、味精、糖、醋调味，起锅装盘即可。

芒果调味酱

原材料 清鸡汤、芒果、红椒、香菜末各适量

调味料 盐、糖、黑胡椒粉各3克，辣酱油、油各适量

做法

1. 将芒果去皮，切片；将红椒洗净，切圈；油锅烧热，放红椒圈炒香。
2. 加糖、清鸡汤、辣酱油烧开，放芒果片，调入盐、黑胡椒粉，撒上香菜末。

应用：可用于鱼类、海鲜类菜肴。
保存：室温下可保存3天，冷藏可保存20天。
烹饪提示：芒果片可用芒果汁代替。

推荐菜例

豆腐烧鲫鱼

健脾开胃，利水除湿

原材料 鲫鱼4条，豆腐、葱花、姜末各适量

调味料 花椒粉、豆瓣酱、辣椒粉、盐、料酒、油、水淀粉各适量，芒果调味酱适量

做法

1. 将鲫鱼洗净，抹盐。
2. 将豆腐洗净，切丁；油锅烧热，下鲫鱼，煎至两面金黄起锅。
3. 油锅烧热，下入豆瓣酱、姜末、辣椒粉炒香，加水烧开，再放鱼、豆腐、料酒、芒果调味酱同烧入味；再下入水淀粉勾芡，撒上葱花、花椒粉即可。

黑胡椒红酒酱

原材料 大蒜适量

调味料 盐3克，黑胡椒粉4克，红酒、酱油、白兰地酒各适量

做法

1. 将大蒜洗净，切成末。
2. 再与调味料拌匀即可。

应用：可用于猪扒、牛扒等菜肴。

保存：室温下可保存5天，冷藏可保存25天，冷冻可保存60天。

烹饪提示：蒜末可用蒜汁代替。

推荐菜例

环球牛扒

补中益气，滋养脾胃

原材料 牛扒300克，哈密瓜100克

调味料 盐4克，酱油3毫升，黑胡椒少许，橄榄油适量，黑胡椒红酒酱适量

做法

1. 将哈密瓜切片，挖出果肉雕成球，作为装饰摆盘。
2. 将牛扒洗净切大片，用盐、酱油和黑胡椒腌渍入味。
3. 平底锅倒入橄榄油烧热，下入牛扒煎至两面均熟后出锅，摆放于哈密瓜旁边，配以黑胡椒红酒酱即可食用。

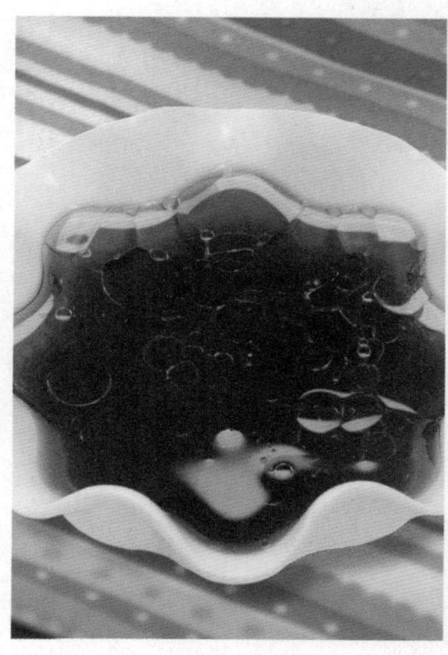

红糖奶油酱

原材料 奶油25克

调味料 巴沙米可20克，麦芽糖、红糖各15克，红酒30毫升

做法

1. 将巴沙米可和红酒放入锅中，用大火煮至剩1/2的量。
2. 再放入麦芽糖和红糖用小火煮至浓稠，再加入奶油拌匀即可。

应用：适用于各种肉类料理。
保存：冷藏可保存6天。
烹饪提示：加入红糖能使酱汁的味道更香甜。

推荐菜例

鳗鱼寿司

强精壮肾，养颜美容

原材料 烤鳗鱼100克，寿司米80克，紫菜条8克，芝麻粒5克

调味料 寿司醋、红糖奶油酱各适量

做法

1. 先将寿司米蒸熟，加入寿司醋，拌匀置凉，即成寿司饭。
2. 将烤鳗鱼切成条状，然后取适量寿司饭握成与鳗鱼条大小相近的团。
3. 将寿司饭团摆好，一面抹上红糖奶油酱，并将鳗鱼置于其上，最后用紫菜条围住饭团中部，撒上芝麻粒即可。

香芹松子酱

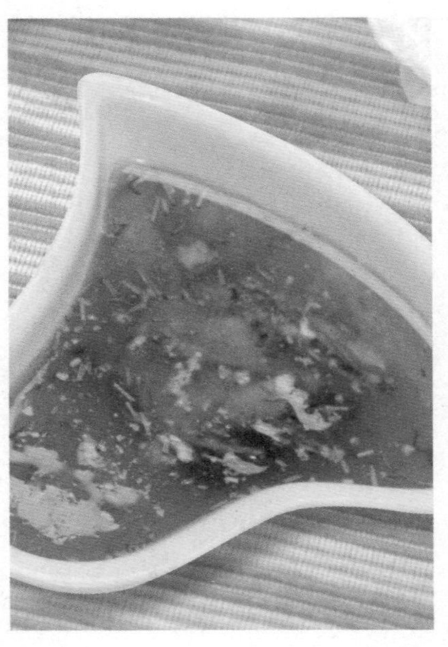

原材料 鳀鱼10克，香芹、松子、鲜百里香、鲜迷迭香、大蒜各适量，起司粉20克

调味料 橄榄油适量

做法

1. 将大蒜、香芹洗净，切碎。
2. 与其他原材料一起搅碎后加调味料拌匀即可。

应用：适用于各种肉类料理。

保存：冷藏可保存5天。

烹饪提示：橄榄油使用前先放入冰箱中冰一下。

推荐菜例

水豆豉腰片

补肾强腰，益气消滞

原材料 猪腰400克，泡萝卜50克，青椒圈、野山椒、红椒圈各适量

调味料 水豆豉50克，料酒、盐、油、鸡精、泡椒、青花椒各适量，香芹松子酱适量

做法

1. 将所有原材料洗净。
2. 将猪腰入沸水中汆烫，捞出切片，沥干待用。
3. 热锅加油，入水豆豉、泡椒、野山椒、青花椒、香芹松子酱炒香，加入猪腰片炒片刻，放入青椒、红椒、泡萝卜，再加入适量清水和料酒同煮，调入盐和鸡精，起锅装盘。

酸甜番茄酱汁

原材料 香菜梗、番茄各适量

调味料 糖8克，辣椒水、柳橙汁各适量

做法

1. 将番茄洗净，切丁；将水烧开，加糖烧至溶化。
2. 放入柳橙汁和番茄丁稍煮，再入辣椒水、香菜梗拌匀即可。

应用：可用于肉类菜。

保存：室温下可保存2天，冷藏可保存15天。

烹饪提示：将番茄去皮、去籽后，口感会更好。

推荐菜例

酸菜黄鱼

通利五脏，健身美容

原材料 黄鱼450克，酸菜150克，干辣椒、葱各适量

调味料 盐、酱油、红油、料酒、油各适量，酸甜番茄酱汁适量

做法

1. 将黄鱼洗干净，加盐、料酒腌渍；将酸菜洗净，切碎；将干辣椒洗净，切段；将葱洗净，切葱花。
2. 油锅烧热，入酸菜稍炒后，盛出。再热油锅，入黄鱼炸至金黄色，放入干辣椒炒香，注入适量清水烧开，调入盐、酱油、酸甜番茄酱汁和红油拌匀，撒上葱花，起锅置于酸菜上即可。

牛肉香槟酱

原材料 牛肉原汁、洋葱各适量，奶油25克

调味料 盐3克，胡椒粉15克，红酒、香槟酒各适量

做法

1. 将洋葱洗净，切碎。
2. 锅烧热，放入奶油煮至融化，入洋葱炒香，放入牛肉原汁、红酒和香槟酒煮至沸时，放盐、胡椒粉调味即可。

应用：适用于海鲜、肉品等。
保存：冷藏可保存8天。
烹饪提示：此酱汁需用小火慢煮，味道才会更香。

推荐菜例

焦熘丸子

滋阴润燥，补血养颜

原材料 五花肉300克，香菇100克，黑木耳10克，青甜椒、红甜椒各5克

调味料 料酒15毫升，水淀粉200毫升，醋、酱油各10毫升，盐5克，牛肉香槟酱、油各适量

做法

1. 将香菇洗净，剁末；将五花肉洗净，剁末，加香菇末、盐、料酒、水淀粉搅至胶状，捏成丸子；将黑木耳泡发。
2. 热锅入油，放入丸子炸至金黄色，捞出沥油。锅内留少许油，加入黑木耳、青甜椒、红甜椒、丸子翻炒几下，加入盐、醋、酱油、料酒、牛肉香槟酱翻炒至熟即可。

番茄酸豆酱

原材料 番茄、酸豆各20克，蒜末5克

调味料 牛油25克，盐少许

做法

1. 将番茄洗净，切丁。
2. 锅置火上，放入牛油加热至融化，放入蒜末炒香，再加入盐、番茄丁、酸豆以小火煮滚即可。

应用：适合用来搭配水煮蔬菜等。

保存：室温下可以保存2天，冷藏可以保存7天。

烹饪提示：可根据个人喜好自行决定酸豆用量。

推荐菜例

水煮烧白

补肾养血，滋阴润燥

原材料 五花肉400克，干辣椒10克，葱花5克

调味料 酱油20毫升，料酒、红油各10毫升，糖、盐、花椒各5克，番茄酸豆酱、油各适量

做法

1. 将五花肉洗净；将干辣椒洗净切段。
2. 将五花肉煮至五分熟，捞出沥干，抹上酱油。平底锅加油，将五花肉肉皮朝下炸至棕红色，出锅切片。热锅入油，下花椒、干辣椒爆香，加肉片，烹入料酒、酱油、番茄酸豆酱、红油，加盐、糖、适量清水，烧至肉软、汤汁浓时起锅，撒上葱花即成。

椒乳通菜酱

原材料 腐乳30克，大蒜10克，红辣椒适量

调味料 盐2克

做法

1. 将红辣椒洗净，切丝；将大蒜洗净，切片；将腐乳加冷开水调匀。
2. 将原材料与调味料混合拌匀即可。

应用：用于各种肉类、海鲜类食物。

保存：室温下可保存1天，冷藏可保存12天。

烹饪提示：腐乳本身味道较咸，加盐时应适量。

推荐菜例

西葫芦肉片

清热利尿，除烦止渴

原材料 西葫芦50克，猪瘦肉30克，胡萝卜5克

调味料 盐、鸡精、油、椒乳通菜酱各适量

做法

1. 将西葫芦、胡萝卜洗净，去皮，切片；将猪瘦肉洗净切片，备用。
2. 将油放入炒锅中，以中火烧热，放入猪瘦肉片炒熟，放入西葫芦及胡萝卜片炒至软，加盐、鸡精调味，最后淋上椒乳通菜酱即可。

西葫芦

猪瘦肉

南瓜酱

原材料 南瓜25克，红薯25克

调味料 奶油酱25克

做法

1. 锅中注水，放入南瓜、红薯用中火煮烂，放凉。
2. 将南瓜、红薯打成泥，加入奶油酱煮至浓稠即可。

应用：适用于蔬菜、肉食等。

保存：冷藏可保存6天。

烹饪提示：如果加入栗子，风味会更独特。

推荐菜例

姜汁菠菜

润燥滑肠，补血补铁

原材料 菠菜180克，姜60克，红椒适量

调味料 盐、味精各4克，麻油、生抽各10毫升，南瓜酱适量

做法

1. 将菠菜择净，切成小段，放入开水中烫熟，沥干水分，装盘；红椒洗净切丝，放在菠菜上。
2. 将姜去皮，洗净，一半切碎，一半捣汁，一起倒在菠菜上。
3. 将盐、味精、麻油、生抽、南瓜酱调匀，淋在菠菜上即可。

酸黄瓜番茄酱

原材料 酸黄瓜、鲜番茄、罐装番茄各适量

调味料 盐、糖、黑胡椒粉各4克，番茄酱、橄榄油、芥末酱、红酒醋、柠檬汁各适量

做法

1. 将酸黄瓜、番茄切碎。
2. 与其他的原材料、调味料混匀即可。

应用：可用于鱼块、排骨类菜。

保存：室温下可保存1天，冷藏可保存12天。

烹饪提示：番茄不宜长时间高温加热，因番茄红素遇光、热和氧气容易分解，会失去保健作用。

推荐菜例

松鼠桂花鱼

补气养血，益脾健胃

原材料 桂花鱼600克，松仁少许

调味料 盐3克，醋12毫升，酱油15毫升，淀粉15克，红糖20克，油、酸黄瓜番茄酱各适量

做法

1. 将桂花鱼洗净，切“十”字花刀，再均匀拍上淀粉，下入油锅中炸至金黄色，捞出沥油。
2. 将松仁清洗干净，放入油锅中炸熟，盛在鱼身上。
3. 锅内注油烧热，放入盐、醋、酱油、红糖、酸黄瓜番茄酱，煮至汤汁收浓，起锅浇在鱼身上即可。

牛骨原汁酱

原材料 奶油、牛骨、洋葱、西芹、番茄、面粉、牛肉高汤各适量

调味料 百里香适量

做法

1. 将西芹、番茄洗净切碎；将洋葱切丝；将牛骨烤至褐色。
2. 锅烧热，放奶油煮至融化，炒香洋葱、西芹，入番茄和百里香，放面粉炒香，入牛肉高汤和牛骨煮好。

应用：可搭配各种酱汁。

保存：冷藏可保存6天。

烹饪提示：煮的时候，牛肉高汤以没过牛骨为佳。

推荐菜例

腐竹烧肉

补肾养血，滋阴润燥

原材料 腐竹150克，猪瘦肉150克，芹菜50克，姜、红椒各20克

调味料 盐3克，辣椒酱、油、牛骨原汁酱各适量

做法

1. 将腐竹、芹菜洗净，切段；将瘦肉、姜洗净，切片；将红椒洗净，切圈。
2. 锅中入油烧热，放入腐竹，稍炸片刻，捞起。
3. 锅中留少量油，放入红椒、姜爆香，再下入腐竹、瘦肉、芹菜，调入盐、牛骨原汁酱、辣椒酱，炒熟即可。

雪利红葱酱

原材料 牛肉原汁、红葱头、大蒜各适量，奶油20克

调味料 胡椒粉20克，盐3克，雪利酒适量

做法

1. 将红葱头、大蒜洗净，切碎；锅烧热，放奶油煮至融化后，放入红葱头和蒜碎一起炒香，加雪利酒煮至沸。
2. 再加入牛肉原汁，煮至浓稠后放入盐、胡椒粉即成。

应用：适用于牛肉料理。

保存：冷藏可保存8天。

烹饪提示：酱汁煮至剩一半左右，味道更香。

推荐菜例

铁板烧牛仔骨

滋养脾胃，强健筋骨

原材料 牛仔骨200克

调味料 醋、雪利红葱酱、油各适量

做法

1. 将牛仔骨洗净剁件。
2. 待铁板烧热以后，放入块状牛仔骨，煎至五成熟后盛出。
3. 锅中入油烧热，放入牛仔骨，调入雪利红葱酱炒匀入味。
4. 最后淋入醋即可。

牛仔骨

醋

番茄蒜末酱

原材料 番茄30克，蒜末8克，洋葱25克，牛肉高汤适量

调味料 番茄酱40克，鲜百里香1棵

做法

1. 将番茄、洋葱均洗净，切成丁。
2. 将百里香除外的原材料和调味料放入锅中，以大火将所有材料煮滚后，盖上锅盖以小火煮约10分钟，摆上鲜百里香即可。

应用： 用作时蔬、烤肉等的酱汁。

保存： 室温下可保存2天，冷藏可保存10天。

烹饪提示： 两次加热的火力不同。

推荐菜例

草菇焖土豆

和胃健中，排毒瘦身

原材料 土豆500克，草菇250克，番茄适量

调味料 番茄酱30克，盐3克，胡椒粉少许，番茄蒜末酱、油各适量

做法

1. 将番茄、草菇洗净切成片；将土豆切成滚刀块。
2. 锅中入油烧热，加入土豆块、番茄片、草菇片和番茄酱一起炒。
3. 加入适量水焖至八成熟时放盐、胡椒粉、番茄蒜末酱，调好味后焖熟即可。

红糟酱

原材料 姜20克

调味料 米酒、麻油、红糟各适量，红糖6克

做法

1. 将姜洗净，切丝。
2. 将原材料与调味料混匀即可。

应用：可用于肉类菜肴。

保存：室温下可保存2天，冷藏可保存15天，冷冻可保存25天。

烹饪提示：姜丝可入冰水浸泡，以增加脆度，并可去除其辛辣味。

推荐菜例

香糟鸡

补肾益精，滋阴润肤

原材料 鸡500克

调味料 高粱酒、盐、红糟酱各适量

做法

1. 将鸡洗净，用盐涂擦鸡身和内腔，腌1小时，下入沸水锅中汆熟，取出切成块。
2. 将高粱酒、盐同时放入碗内搅匀，入锅隔水蒸后，取出，和红糟酱一起淋在鸡上即可。

鸡

盐

迷迭香酱

原材料 牛肉高汤、鲜奶、玉米粉水各适量

调味料 牛油15克，糖、盐、黑胡椒粉各3克，辣酱油、迷迭香、番茄酱、红酒各适量

做法

1. 锅置火上，入玉米粉水外的所有原材料和调味料烧开。
2. 用玉米粉水勾芡即可。

应用：用于海鲜、鱼类、牛扒类菜。

保存：室温下可保存1天，冷藏可保存10天。

烹饪提示：鲜奶宜选用全脂牛奶，味道香浓。

推荐菜例

和风烧银鳕鱼

泽肤养发，利水消肿

原材料 银鳕鱼250克，柠檬1/8个

调味料 盐2克，味精3克，和风酱100克，清酒3毫升，迷迭香酱适量

做法

1. 将银鳕鱼洗净，切成方形块。
2. 用盐、味精、柠檬和清酒腌渍15分钟至入味，再放入锅中煎熟。
3. 淋上和风酱，放入烧炉中烧至金黄色，配以迷迭香酱食用即可。

柠檬

清酒

奶油马沙拉酱

原材料 奶油、香芹、洋葱、大蒜各适量，牛肉原汁100毫升

调味料 盐3克，胡椒粉15克，马沙拉酒适量

做法

1. 将香芹、洋葱、大蒜均洗净，切碎；锅置火上，入奶油煮至融化后，下蒜碎炒香，加马沙拉酒煮沸。
2. 加牛肉原汁和其他原材料和调味料煮至浓稠。

应用：适用于牛肉菜品。
保存：冷藏可保存6天。
烹饪提示：马沙拉酒也可以用一般的红酒代替。

推荐菜例

爽口百叶

补益脾胃，补虚益精

原材料 牛百叶200克，青椒、红椒各20克，葱花5克

调味料 盐3克，豆瓣酱10克，料酒15毫升，奶油马沙拉酱、油各适量

做法

1. 将牛百叶清洗干净；将青椒、红椒洗净，切成圈。
2. 锅中加水，水开后下牛百叶汆熟，捞出沥水。
3. 热锅上油，放入豆瓣酱爆香，加入适量的清水，放入盐、料酒、青椒、红椒、奶油马沙拉酱煮开，放入牛百叶，撒上葱花即可。

红椒起司酱

原材料 番茄汁100毫升，洋葱、起司丝各20克，蒜蓉15克

调味料 红椒粉、辣椒粉各10克，盐8克，小茴香粉5克

做法

1. 将洋葱洗净，切丁。
2. 将除起司丝外的原材料和调味料，用中火边煮边搅拌，煮开后放入起司丝稍煮即可。

应用：用于点心或者炒菜。

保存：室温下可保存3天，冷藏可保存10天，冷冻可保存30天。

烹饪提示：做此酱时也可以先将洋葱丁爆出香味。

推荐菜例

腰花炒肝片

补肾强腰，益气消滞

原材料 猪腰200克，猪肝200克，洋葱40克，青椒、红椒各适量

调味料 盐3克，味精2克，酱油12毫升，料酒少许，红椒起司酱、油各适量

做法

1. 将猪腰洗净，切腰花；将猪肝洗净切片；将洋葱洗净切片；将青椒、红椒洗净切片。
2. 炒锅注油烧热，放入腰花、猪肝一起翻炒，再放入青椒、红椒、洋葱一起炒匀。
3. 倒入酱油、料酒炒熟，调入盐、味精、红椒起司酱煮至入味，装盘。

海鲜炒酱

原材料 大蒜5克，红椒、青椒、洋葱、香菜末各适量

调味料 糖、酱油、米酒、醋、油各适量

做法

1. 将大蒜去皮洗净切末；将红椒、洋葱洗净切丝；将青椒洗净切碎。
2. 油锅烧热，放入大蒜、青红椒、洋葱炒香，入糖、酱油、米酒、醋拌匀，撒香菜。

应用：适用于各种海鲜的拌炒。

保存：室温下可以保存1天，冷藏可以保存8天。

烹饪提示：香菜的根要先去掉。

推荐菜例

川渝香辣虾

养血固精，益气壮阳

原材料 虾200克，芹菜适量，干辣椒50克，香菜、熟芝麻、大蒜各少许

调味料 盐3克，醋8毫升，酱油10毫升，海鲜炒酱少许，油适量

做法

1. 将虾、大蒜、香菜洗净；将芹菜洗净，切成段；将干辣椒洗净，切圈。
2. 锅内注油烧热，下干辣椒炒香，放入虾翻炒至变色，再加入芹菜段、大蒜炒匀。
3. 掺少许水，并加入盐、醋、酱油、海鲜炒酱拌匀，撒上芝麻、香菜即可。

客家黄豆酱

原材料 黄豆20克，姜、大蒜各适量

调味料 盐2克，糖10克

做法

1. 将姜洗净，切末；将大蒜去皮洗净，切末。
2. 将黄豆泡发洗净，放入沸水锅中煮熟烂后捞起沥干。将黄豆放容器中，调入盐、糖、姜末、蒜末拌匀即可。

应用：适用于各种肉类、海鲜等。

保存：室温下可保存3天，冷藏可保存15天。

烹饪提示：黄豆可以先入锅蒸熟，味道较好。

推荐菜例

剁椒蒸毛芋

补中益肾，填精益髓

原材料 毛芋500克，剁椒200克，葱花3克

调味料 红油、客家黄豆酱各适量

做法

1. 将毛芋去皮洗净，改刀成块，上笼蒸熟，取出。
2. 铺上剁椒，再蒸2分钟，取出后撒上葱花，浇上红油、客家黄豆酱即可。

毛芋

剁椒

香料酱汁

原材料 鸡高汤适量，蒜末4克

调味料 番茄酱15克，牛扒酱8克，辣酱油8毫升，白酒6毫升，月桂叶4克，黑胡椒粉5克，糖、盐各少许

做法

1. 将番茄酱、牛扒酱、辣酱油、白酒、蒜末、月桂叶、鸡高汤混合煮滚。
2. 再加入黑胡椒粉、糖、盐煮香即可。

应用： 适合用来搭配各种肉类菜式。

保存： 室温下可保存1天，冷藏可保存14天。

烹饪提示： 白酒可用米酒代替。

推荐菜例

麻辣鲢鱼

温中补气，润泽肌肤

原材料 鲢鱼块500克，干辣椒、大蒜、蒜苗段、香菜各适量

调味料 盐、味精、酱油、红油、醋、油、香料酱汁各适量

做法

1. 将所有原材料洗净。
2. 油锅烧热，下入干辣椒炒香，放入鱼块翻炒至变色，注入适量的清水煮至水开。
3. 再放入大蒜、蒜苗段煮至鱼肉断生，倒入酱油、红油、醋、香料酱汁煮开，调入盐、味精拌匀，撒上香菜即可。

黑胡椒酱

原材料 牛肉原汁、洋葱、大蒜、奶油、香芹各适量

调味料 盐、胡椒粉、黑胡椒粒、红酒各适量

做法

1. 将洋葱、大蒜、香芹洗净，切碎；锅烧热，入奶油至融化后，加洋葱、大蒜碎炒香，加黑胡椒粒和红酒煮沸。
2. 入牛肉原汁、香芹和其他调味料煮匀。

应用：适用于各种肉品。

保存：冷藏可保存8天。

烹饪提示：汤汁煮至剩下一半，香味会更浓。

推荐菜例

川味乌江鱼

健脾补气，温中暖胃

原材料 乌江鱼400克，花生米、松仁、芹菜、蒜片、姜末、青椒、红椒各适量

调味料 盐、料酒、红油、油、泡红椒、花椒粒、辣椒酱各适量，黑胡椒酱适量

做法

1. 将所有原材料洗净；将鱼剁块。
2. 油锅烧热，入青椒、红椒、花椒粒、花生米、松仁、辣椒酱、蒜片、姜末炒香，加入鱼块炸香，注入适量清水烧开，放入芹菜、泡红椒、黑胡椒酱同煮。
3. 调入盐、料酒拌匀，淋入红油即可。

柠檬辣酱

原材料 柠檬1个，辣椒8克

调味料 酱油5毫升，黑胡椒粉5克，蜂蜜100毫升

做法

1. 将辣椒洗净切碎；柠檬洗净后，部分切片，部分榨汁。
2. 再与调味料一起放入锅中，用小火煮开即可。

应用：用于肉类食物。
保存：室温下可保存5天，冷藏可保存15天，冷冻可保存60天。
烹饪提示：可以用白胡椒粉代替黑胡椒粉做酱，味道也一样。

推荐菜例

红烧鱼块

养肝补血，泽肤养发

原材料 鱼500克，黄瓜100克，蒜苗20克，姜3克

调味料 料酒5毫升，酱油3毫升，糖6克，味精1克，水淀粉6毫升，油、柠檬辣酱各适量

做法

1. 将鱼洗净，切块；将黄瓜洗净切块；将姜洗净切末；将蒜苗洗净切段。
2. 锅倒油烧热，放入鱼块煎至金黄色，倒入姜末、烹入料酒，加开水，倒入黄瓜、蒜苗烧至鱼熟。
3. 调入酱油、糖、味精、柠檬辣酱，用水淀粉勾芡即可。

芥末蜂蜜酱

调味料 蜂蜜适量，芥末酱20克

做法

1. 将上述调味料依次放碗里。
2. 将它们混合搅拌均匀即可。

蜂蜜

芥末酱

应用： 可用于生菜沙拉、面包、羊排、海鲜等食物。

保存： 室温下可保存2天，冷藏可保存15天。

烹饪提示： 此酱中若加入柠檬汁，味道更好。

推荐菜例

松子墨鱼酱黄瓜

养血通经，补脾益肾

原材料 墨鱼1条，黄瓜3根，松子10克，香菜少许

调味料 糖水、油、芥末蜂蜜酱各适量

做法

1. 将墨鱼去皮切花，用开水汆烫（一卷起就捞出）。
2. 将松子用糖水泡一下沥干，用温油炸至变色即捞出。
3. 将黄瓜、香菜洗净并泡一下。
4. 将黄瓜用刀拍破，切小段，置盘中，将墨鱼、松子、香菜摆上，并浇上芥末蜂蜜酱即可。

红醋甜酸酱

原材料 红辣椒丁、玉米粉、姜末、鸡高汤各适量

调味料 糖40克，黑胡椒粉、盐、酱油、红醋各少许

做法

1. 锅烧热，将鸡高汤、糖、酱油入锅中，烧至糖溶解，加入玉米粉拌匀。
2. 再将红辣椒、姜入锅略煮，加红醋煮沸后，再加入盐和黑胡椒粉即可。

应用： 用来搭配面食或肉类料理。

保存： 冷藏可保存10天。

烹饪提示： 红辣椒可用辣椒粉代替，因人而异。

推荐菜例

红烧咖喱牡蛎

潜阳补阴，软坚散结

原材料 大牡蛎600克

调味料 咖喱鱼露酱、红醋甜酸酱各适量

做法

1. 将牡蛎打开，留一边带牡蛎肉的洗净备用。
2. 将牡蛎放入烧炉中烧至五成熟取出。
3. 淋上咖喱鱼露酱、红醋甜酸酱，再放入烧炉烧至熟即可。

大牡蛎

咖喱鱼露酱

鲜干贝汁

原材料 干贝20克，鸡汤30毫升

调味料 蚝油15毫升，盐3克，胡椒粉10克

做法

1. 将干贝泡发，放入沸水锅中煮熟后捞起，切丝置于碗中。
2. 再将所有原材料和调味料放碗中混合拌匀即可。

应用：适用于各种肉类、海鲜等。

保存：室温下可以保存2天，冷藏可以保存9天。

烹饪提示：鸡汤也可用鸡精兑开水代替，只是口感稍欠佳。

推荐菜例

葱烧海参

增强记忆力，补肾益精

原材料 水发海参250克，葱150克

调味料 盐3克，料酒9毫升，水淀粉9毫升，酱油3毫升，味精1克，蚝油20毫升，鲜干贝汁、油各适量

做法

1. 将水发海参洗净，切成长条状，氽水后捞出；将葱洗净切成片状。
2. 炒锅倒油烧热，放入葱炒香，倒入海参煸炒。
3. 调入味精、盐、料酒、鲜干贝汁、酱油、蚝油、水，烧至海参软，用水淀粉勾芡即可。

辣椒汁

原材料 蒜末15克，干辣椒末10克，牛骨汤适量

调味料 盐4克，小茴香粉8克

做法

1. 锅中加入牛骨汤加热几分钟。
2. 再混合其余原材料和调味料一起煮滚入味即可。

应用：适合搭配面条或炒菜时用。

保存：室温下可保存2天，冷藏可保存14天。

烹饪提示：牛骨汤可以用其他高汤来代替。

推荐菜例

一品茄片

降压降脂，防治胃癌

原材料 茄子300克，青豆、玉米、猪肉各100克，红椒30克，葱20克

调味料 酱油3毫升，盐、番茄酱各2克，蚝油2毫升，淀粉5克，辣椒汁、油各适量

做法

1. 将茄子洗净切片；将青豆、玉米分别洗净；将红椒洗净切丁；将猪肉、葱分别洗净切末；将淀粉加水拌匀。
2. 锅中倒油烧热，下入猪肉炒至变色，加入葱以外的原材料炒熟。
3. 倒入盐、酱油、蚝油和番茄酱、辣椒汁调味，下水淀粉勾芡，最后撒上葱末即可出锅。

红油香菜酱

原材料 青椒、香菜各15克

调味料 糖、盐各3克，麻油、花椒粒、红油各适量

做法

1. 将青椒洗净，切成圈；将香菜洗净，切末。
2. 将原材料与调味料混合拌匀即可。

应用：可用于肉类菜肴。

烹饪提示：花椒可先入油锅炒香，味道更浓。

推荐菜例

蒜味牛蹄筋

益气补虚，温中暖胃

原材料 牛蹄筋500克，蒜蓉15克，熟芝麻8克，葱花10克

调味料 盐4克，酱油15毫升，红油香菜酱15克

做法

1. 将牛蹄筋洗净，入开水锅煮透回软呈透明状时，捞出，切片。
2. 将牛蹄筋加入盐、酱油搅拌均匀。
3. 将熟芝麻、葱花、蒜蓉、红油香菜酱撒在牛蹄筋上面即可。

牛蹄筋

蒜蓉

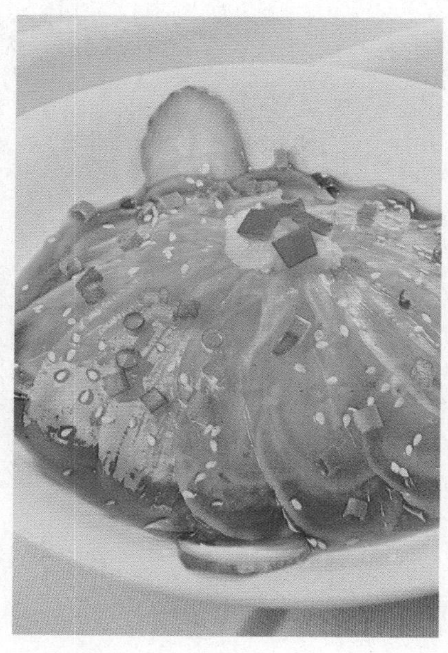

酸子辣酱

调味料 酸子酱15克，鱼露15毫升，糖、辣椒粉各15克

做法

1. 将糖、辣椒粉、鱼露、酸子酱混合。
2. 加入冷开水拌匀即可。

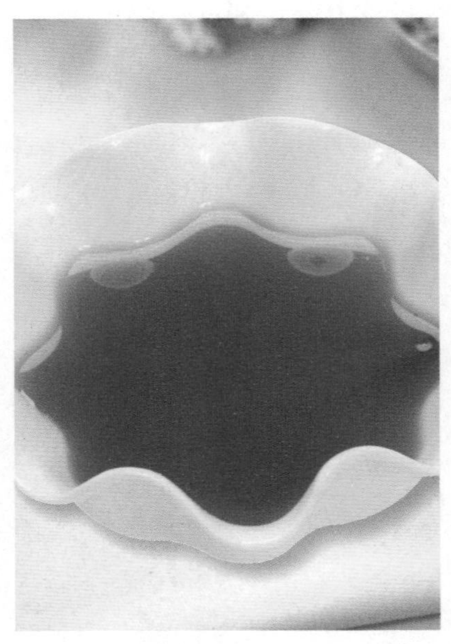

应用：用于海鲜类、凉拌粉丝。
保存：室温下可保存2天，冷藏可保存15天，冷冻可保存40天。
烹饪提示：用辣椒酱代替辣椒粉，效果同样很好。

推荐菜例

甜椒猪肚丝

健身强体，益胃固脾

原材料 猪肚400克，青甜椒、红甜椒各20克，姜丝、葱花、熟芝麻、蒜蓉各适量

调味料 盐3克，红油、料酒各适量，酸子辣酱适量

做法

1. 将猪肚洗净，加姜丝、料酒煮熟，放凉后切丝。
2. 将青甜椒、红甜椒均洗净，切丝。
3. 在装有猪肚丝的碗中调入盐、青甜椒丝、红甜椒丝、红油、蒜蓉、葱花、熟芝麻、酸子辣酱，拌匀即可。

猕猴桃牛排调味酱

原材料 大蒜、洋葱、红椒各适量

调味料 糖、黑胡椒粉各3克，辣酱油、猕猴桃汁、油、白兰地酒各适量

做法

1. 将大蒜洗净，切末；将洋葱、红椒洗净，切碎；油锅烧热，放蒜末、洋葱碎、红椒碎炒香。
2. 入猕猴桃汁、白兰地酒烧开，调入糖、黑胡椒粉、辣酱油拌匀即可。

应用：可用于煎、烤牛排类食物。

烹饪提示：白兰地酒的加入，让酱汁更具风味。

推荐菜例

老干妈串牛排

补中益气，滋养脾胃

原材料 牛排500克，包菜300克，鸡蛋1个，辣椒、葱各适量

调味料 豆豉辣椒酱、味精、油、淀粉、盐各适量，猕猴桃牛排调味酱适量

做法

1. 将牛排洗净，切成厚片，加盐、味精腌渍；将葱、辣椒洗净切碎；将包菜洗净掰开，铺盘；将牛排裹上淀粉，刷蛋液，用竹签串起来。
2. 将油烧热，下入牛排，炸至金黄，捞起控干油，装入铺有包菜的盘中。
3. 将油烧热，放入猕猴桃牛排调味酱、辣椒翻炒熟，浇在牛排上，撒上豆豉辣椒酱、葱花即可。

酸辣酱

原材料 洋葱12克，大蒜6克，辣椒、葱、香菜各5克

调味料 白醋30毫升，糖5克，鱼露少许

做法

1. 将洋葱、辣椒、葱、香菜洗净，切末；将大蒜去皮，切末。
2. 将白醋加适量水搅匀，入锅中烧开，待凉后加入其他调味料和原材料拌匀即可。

应用：用于煮肉类食物。

保存：室温下可保存2天，冷藏可保存15天。

烹饪提示：煮时选用小火即可。

推荐菜例

家常肉末金针菇

补肝益胃，防癌抗癌

原材料 金针菇300克，猪肉100克，葱花适量

调味料 盐3克，酱油3毫升，红油5毫升，淀粉5克，酸辣酱、油各适量

做法

1. 将金针菇洗净；将猪肉洗净剁成末；将淀粉加水拌匀。
2. 锅中倒油烧热，下入肉末炒至变色，加入金针菇炒匀。
3. 下盐和酱油，加水淀粉勾芡，倒入红油和酸辣酱拌匀，撒上葱花即可出锅。

金针菇

猪肉

秘制排骨酱

调味料 排骨酱20克，番茄汁10毫升，糖6克，盐1克，甜面酱15克，柱侯酱适量

做法

1. 将上述调味料依次放碗里。
2. 将它们混合搅拌均匀即可。

应用：适用于各种肉类、海鲜等。

保存：室温下可保存2天，冷藏可保存13天。

烹饪提示：甜面酱是咸的，放盐时应视个人口味而定。

推荐菜例

孜然排骨

滋阴壮阳，益精补血

原材料 排骨250克，葱段、辣椒段各适量

调味料 水淀粉、盐、孜然粉、酱油、红油、油、秘制排骨酱各适量

做法

1. 将排骨洗净，斩块，入水汆一下，放盐、水淀粉上浆。
2. 油锅烧热，入排骨炸熟。
3. 放入盐、酱油、红油、葱段、辣椒段、孜然粉，炒匀，淋上秘制排骨酱，盛盘即可。

排骨　辣椒

鱼露酸辣酱

调味料 辣椒膏30克，鱼露8毫升，柠檬汁15毫升，白醋25毫升，糖10克

做法

1. 将上述调味料依次放碗里。
2. 将它们混合搅拌均匀即可。

应用： 用于海鲜、肉类食物。
保存： 室温下可以保存1天，冷藏可以保存5天。
烹饪提示： 柠檬汁不仅可提供酸味，还可给酱料增添果香味。

推荐菜例

宽汤白肉

补肾养血，滋阴润燥

原材料 五花肉300克，高汤、姜末、蒜末、葱花、熟芝麻各适量

调味料 盐、料酒、白醋、红油、油各适量，鱼露酸辣酱适量

做法

1. 将五花肉洗净，放入沸水锅中，加入盐、料酒同煮至熟，取出切片，摆入盘中。
2. 油锅烧热，下姜末、蒜末炒香，注入高汤烧开，调入盐、白醋、红油调拌均匀。
3. 起锅淋在五花肉上，撒上葱花、熟芝麻，配以鱼露酸辣酱食用即可。

苹果甜醋酱

调味料 苹果醋40毫升，果醋、红酒各15毫升，麻油少许

做法

1. 将上述调味料依次放碗里。
2. 将它们混合搅拌均匀即可。

红酒

麻油

应用： 用于鱼类、海鲜类食物。
保存： 室温下可以保存2天，冷藏可以保存5天。
烹饪提示： 麻油可以根据个人口味酌量添加。

推荐菜例

铁板烧青口

软坚散结，收敛固涩

原材料 青口8只，柠檬半个
调味料 酸汁15毫升，料酒少许，苹果甜醋酱适量

做法

1. 将青口清洗干净，放入沸水中焯烫后，捞出备用；将柠檬切角。
2. 将铁板烧热，放入青口煎熟。
3. 调入苹果甜醋酱、料酒和柠檬角，煮至入味，再淋上酸汁即可。

青口

柠檬

米粉蒸酱

原材料 米粉35克

调味料 八角适量，五香粉15克，胡椒粉10克，盐2克

做法

1. 将上述原材料与调味料依次放碗里。
2. 将它们混合搅拌均匀即可。

应用： 适用于各种肉类、蔬菜等。

保存： 室温下可保存1天，冷藏可保存18天。

烹饪提示： 可先将八角打成粉末再使用，更入味。

推荐菜例

粉蒸排骨

滋阴壮阳，益精补血

原材料 排骨200克，米粉、葱花各适量

调味料 料酒、红油各3毫升，鸡精4克，盐3克，米粉蒸酱、油各适量

做法

1. 将排骨洗净剁成小块，汆水备用。热锅下油，下入排骨、料酒、盐、鸡精、红油略微翻炒。
2. 将米粉加水搅拌，加入米粉蒸酱与排骨调拌均匀，放入蒸锅蒸熟，装盘时撒上葱花即可。

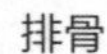

排骨

红油

香蒜迷迭橄榄油

原材料 大蒜30克，迷迭香15克

调味料 橄榄油40毫升，盐少许

做法

1. 将大蒜先烤香。
2. 然后加入橄榄油、盐和洗净的迷迭香即可。

应用： 本酱料适合用来炒菜或搭配面食食用。

烹饪提示： 大蒜也可以切成薄片以后再使用。

推荐菜例

红焖土鸡

益气养血，补肾益精

原材料 净土鸡600克，姜、大蒜各8克，红椒圈适量

调味料 料酒3毫升，盐3克，生抽、老抽各5毫升，辣椒酱10克，糖6克，香蒜迷迭橄榄油、油各适量

做法

1. 将净土鸡洗净切块；将姜洗净切片；将大蒜洗净分成瓣。
2. 将鸡块用姜、料酒、盐、生抽抓匀，腌渍入味；锅内倒油烧热，放入辣椒酱爆香，放入鸡块煸炒至肉收缩，倒入水，焖煮至肉酥。
3. 加入大蒜、红椒圈、盐、糖、老抽、香蒜迷迭橄榄油煮至入味即可。

五香甜汁

调味料 五香粉15克，番茄汁50毫升，糖8克，淀粉适量

做法

1. 将上述调味料依次放碗里。
2. 将它们混合搅拌均匀即可。

番茄汁

糖

应用：可用于炒各种肉类、海鲜等。

保存：室温下可保存2天，冷藏可保存5天。

烹饪提示：番茄汁要选购新鲜的。

推荐菜例

酥骨带鱼

养肝补血，泽肤养发

原材料 带鱼400克，葱、姜、大蒜各适量

调味料 盐3克，味精2克，红油、油、辣椒粉、料酒、淀粉、五香甜汁各适量

做法

1. 将葱、姜、大蒜洗净，均切末；将带鱼洗净切段，用葱、姜、大蒜、盐、味精、料酒腌渍入味。
2. 油锅烧热，将拍上淀粉的带鱼段炸至酥黄，淋上红油推匀后盛出。
3. 在带鱼段上撒上辣椒粉，淋入五香甜汁即可。

香菜沙茶酱

原材料 香菜12克

调味料 沙茶酱50克，酱油8毫升

做法

1. 将香菜洗净，然后切成碎末。
2. 将香菜、沙茶酱、酱油混合搅拌均匀即可。

香菜

酱油

应用：用于蔬菜、面食类食物。
保存：室温下可保存4天，冷藏可保存8天。
烹饪提示：用酱油膏代替酱油做酱，味道也一样好。

推荐菜例

香味牛方

补中益气，滋养脾胃

原材料 牛肉、上海青各500克，笋片、姜片各适量

调味料 盐、酱油、丁香、油、香菜沙茶酱各适量

做法

1. 将牛肉洗净，切块，抹一层酱油；将上海青洗净，焯水后摆盘。
2. 油锅烧热，入牛肉，将两面煎成金黄色，加笋片、姜片、丁香、酱油、清水，加盖烧3小时，待牛肉酥烂，汤汁浓稠时，取出丁香，放入盐，起锅摆盘，最后淋上香菜沙茶酱即可。

葱油麻辣酱

原材料 葱、白芝麻各适量，姜10克

调味料 酱油20毫升，白醋10毫升，盐、糖各5克，老虎酱、花椒粒、油各适量

做法

1. 将葱洗净，切葱花；将姜洗净切末。
2. 油锅烧热，入姜末、花椒粒、白芝麻炒香，调入剩余调味料，撒上葱花。

应用：适用于肉类或蔬菜等。

保存：室温下可以保存2天，冷藏可以保存7天。

烹饪提示：做此酱料宜用橄榄油。

推荐菜例

麻婆豆腐

益气补虚，预防感冒

原材料 豆腐250克，猪肉150克，辣椒25克，葱3克，高汤适量

调味料 盐、味精各3克，花椒粉适量，红油、水淀粉各25毫升，葱油麻辣酱、油各适量

做法

1. 将豆腐洗净，切丁；将猪肉、辣椒洗净，剁碎；将葱洗净，切成末。
2. 锅置火上，放油烧至六成热，下入辣椒、猪肉爆香，加花椒粉、盐、红油、味精同炒。
3. 加入高汤、葱油麻辣酱，放入豆腐，用中火烧至入味，撒上葱花，用水淀粉勾芡即可。

柴鱼拌醋酱

原材料 柴鱼高汤100毫升

调味料 味精3克，白醋20毫升，白酱油8毫升

做法

1. 将柴鱼高汤与调味料一起放入碗中。
2. 将它们混合均匀既可。

应用：用于凉拌菜。

保存：室温下可保存3天，冷藏可保存8天。

烹饪提示：此酱使用前先冰镇一下，口感更好。

推荐菜例

葱辣猪耳

滋润肌肤，补虚强身

原材料 猪耳250克，葱30克，红椒适量

调味料 生抽、红油各10毫升，盐3克，味精2克，柴鱼拌醋酱、油各适量

做法

1. 猪耳去毛洗净，入沸水中汆至熟；葱洗净切成葱花；红椒洗净切碎。
2. 将熟猪耳捞出，在凉水中漂凉，沥干水分，切片，装盘摆好。
3. 锅烧热，下油，将其他调味料下锅，爆香，盛出淋在猪耳片上，撒上葱花、红椒碎即可。

黄瓜海鲜酱

原材料 牛肉高汤、番茄、酸黄瓜碎各适量

调味料 盐、黑胡椒粉各3克，糖5克，法式芥末酱、油、白酒各适量

做法

1. 将番茄洗净切丁；油锅烧热，放酸黄瓜碎、番茄丁炒香，入牛肉高汤、白酒、法式芥末酱同煮。
2. 入盐、黑胡椒粉、糖拌匀。

应用： 可用于鱼类、海鲜类菜肴。

保存： 室温下可保存2天，冷藏可保存16天。

烹饪提示： 需将酸黄瓜碎沥尽水分，否则易变质。

推荐菜例

黄瓜蜇头

清热化痰，润肠通便

原材料 海蜇头200克，黄瓜50克，红椒适量

调味料 盐、醋、生抽、红油各适量，黄瓜海鲜酱适量

做法

1. 将黄瓜洗净切成片，排于盘中；将海蜇头洗净；将红椒清洗干净，切成片，用沸水焯一下待用。
2. 锅内注水烧沸，放入海蜇头汆熟后，捞起沥干放凉并装碗中，再放红椒。
3. 向碗中加入盐、醋、生抽、红油、黄瓜海鲜酱拌匀，然后倒入排有黄瓜的盘中。

蜂蜜甜醋酱

调味料 油40毫升，醋20毫升，蜂蜜25毫升，盐5克，红糖8克

做法

1. 将油以外的调味料充分混合。
2. 再下入锅内用油稍炒即可。

蜂蜜

红糖

应用：用于蔬菜、海鲜等。
保存：室温下可保存3天，冷藏可保存5天。
烹饪提示：应选用优质蜂蜜。

推荐菜例

酸包菜炒粉皮

补养五脏，防癌抗癌

原材料 酸包菜150克，粉皮100克，干辣椒10克，葱5克

调味料 盐3克，味精2克，酱油6毫升，醋7毫升，蜂蜜甜醋酱、油各适量

做法

1. 将酸包菜清洗干净，切成小块；将粉皮泡发，洗净，切成小段；将干辣椒、葱分别洗净，切碎。
2. 锅中加油烧热，下入干辣椒炝香后，倒入酸包菜和蜂蜜甜醋酱一起翻炒。
3. 1分钟后倒入粉皮，炒至熟后，加入其余调味料一起炒至入味，撒上葱碎即可。

清补凉鸡煲汁

原材料 当归、党参、玉竹、淮山、枸杞子、红枣、姜、葱各适量

调味料 盐、味精各2克

做法

1. 将葱洗净，切段；将姜洗净，切片。
2. 锅中放所有原材料煮20分钟，调入盐、味精。

应用：适用于各种肉类、海鲜等。

保存：室温下可保存5天，冷藏可保存10天。

烹饪提示：此酱汁由多种中药材熬制而成，有滋补功效。

推荐菜例

双杏煲猪肉

滋阴润燥，补血养颜

原材料 猪瘦肉200克，木瓜75克，白果10颗，杏仁5克，高汤适量，枸杞少许

调味料 盐5克，清补凉鸡煲汁适量

做法

1. 将猪瘦肉洗净、切成块；将木瓜洗净去皮、籽，切块；将白果、杏仁、枸杞子洗净备用。
2. 净锅上火倒入水和高汤，调入盐，下入猪瘦肉、木瓜、白果、杏仁、枸杞子煲至熟，倒入清补凉鸡煲汁即可。

猪瘦肉

木瓜

甜腐乳酱

调味料 辣豆腐乳60克，甜辣酱30克，糖15克

做法

1. 将辣豆腐乳、糖、甜辣酱一起混合放在碗中。
2. 向碗中淋入适量的热开水，然后搅拌均匀即可。

应用： 可用于海鲜类菜肴的调味。
烹饪提示： 不适应辣味者可以用甜豆腐乳代替辣豆腐乳。

推荐菜例

葱烧鲔鱼

美容减肥，保护肝脏

原材料 鲔鱼60克，葱1根，姜1小块，辣椒半个

调味料 酱油10毫升，酒5毫升，甜腐乳酱、油各适量

做法

1. 将鱼洗净擦干，用酒与酱油腌10分钟。
2. 将姜、葱、辣椒洗净，切丝。
3. 用少许的油将鲔鱼煎一下，加入酱油、甜腐乳酱，先用大火烧开，再转小火焖至汤汁收干，撒上姜丝、葱丝、辣椒丝即可。

米酒甜酱

调味料 甜面酱50克，糖10克，米酒8毫升，酱油15毫升，油适量

做法

1. 油锅烧热，加入甜面酱稍炒。
2. 调入糖、米酒、酱油拌匀即可。

糖

米酒

应用： 用于肉类食物。

保存： 室温下可保存4天，冷藏可保存10天。

烹饪提示： 甜面酱要以热油炒过，才能够提升香味。

推荐菜例

香辣猪蹄

补虚填精，滋润皮肤

原材料 猪蹄1只，香菜15克，葱、姜各适量

调味料 月桂叶、盐、味精、生抽、豆瓣酱、油、剁辣椒各适量，米酒甜酱25克

做法

1. 将猪蹄、葱、姜、月桂叶、香菜洗净。
2. 锅内煮沸水，放入姜、月桂叶、猪蹄，以大火煮至七成熟时，捞出猪蹄，上笼蒸熟。
3. 油锅烧热，下入剁辣椒炒香，放入盐、味精、生抽、豆瓣酱炒匀，淋在猪蹄上，撒上葱、香菜，淋上米酒甜酱即可。

虾仁菜脯酱

原材料 白萝卜丁30克，虾仁15克，大蒜、姜各适量

调味料 盐3克，糖8克，酱油10毫升

做法

1. 将虾仁洗净；将大蒜去皮洗净切成末；将姜洗净切末。
2. 锅内注水烧沸，放入白萝卜丁、虾仁煮熟后，将虾仁切碎。
3. 将白萝卜、虾仁、大蒜、姜混合，调入盐、糖、酱油拌匀即可。

应用：可用于炒各种肉类、海鲜等。
烹饪提示：可以适当加些白酒，味道会更清香。

推荐菜例

傻儿肥肠

润肠治燥，调血去毒

原材料 猪大肠400克，菜心200克，蚕豆少许

调味料 盐3克，味精2克，酱油15毫升，料酒、虾仁菜脯酱、油各少许

做法

1. 将猪大肠剪开洗净，切片；将菜心洗净，切段，用沸水焯熟后装入盘中；将蚕豆去壳洗净。
2. 炒锅注油烧热，放入猪大肠炒至变色，再放入蚕豆一起翻炒。
3. 炒至熟时，倒入酱油、料酒、虾仁菜脯酱拌匀，加入盐、味精调味，起锅倒在盘中的菜心上即可。

红椒菠萝酱

原材料 红椒、葱各15克，菠萝汁50毫升，姜10克

调味料 麻油5毫升，鸡精、米酒、生抽各适量

做法

1. 将葱清洗干净，切葱花；将姜、红椒均洗净，切成末。
2. 将原材料与调味料混合拌匀即可。

应用：可用于鱼类、蔬菜类食物。

保存：室温下可保存3天，冷藏可保存7天。

烹饪提示：菠萝汁可以用菠萝果肉块来代替。

推荐菜例

家常福寿鱼

泽肤养发，滋补健胃

原材料 福寿鱼500克，葱20克，姜15克，大蒜10克

调味料 盐2克，豆瓣酱30克，泡辣椒15克，酱油5毫升，味精3克，米酒12毫升，红椒菠萝酱50克，油适量

做法

1. 将鱼洗净切花刀；将葱洗净切葱花；将泡辣椒、姜、大蒜洗净切末。
2. 锅中注油烧热，放入鱼煎至两面呈金黄色，盛出。
3. 锅留底油，加入姜、大蒜、盐、泡辣椒、酱油、味精、米酒、豆瓣酱炒匀，再放鱼稍炒，淋红椒菠萝酱，撒葱花即可。

马沙拉酱

原材料 洋葱、辣椒各15克，干葱5克

调味料 糖6克，马沙拉粉10克，油适量

做法

1. 将洋葱、辣椒洗净切丁，用油炒香。
2. 再加入其余原材料、调味料和适量水煮滚即可。

应用：适合用来搭配蔬菜及肉类。

保存：室温下可保存6天，冷藏可保存15天。

烹饪提示：可先用水混合马沙拉粉让其散开。

推荐菜例

豌豆扒肘子

滋阴润燥，补血养颜

原材料 猪肘子400克，豌豆30克，干辣椒5克，生菜适量

调味料 红油30毫升，老抽、料酒各25毫升，盐3克，马沙拉酱、油各适量

做法

1. 将猪肘子洗净，用沸水汆后，沥干备用；将豌豆洗净；将干辣椒洗净，切成段；将生菜洗净，铺盘底。
2. 油锅烧热，加入干辣椒爆炒，放入汆过的肘子拌炒，再放入豌豆、盐、老抽、料酒、红油翻炒。
3. 向炒锅内注水，焖半小时，至汤汁收浓时，起锅装盘即可，配以马沙拉酱食用。

酸甜排骨酱

原材料 辣椒、葱、姜、蒜末各适量

调味料 番茄汁40毫升，糖10克，白醋5毫升

做法

1. 将辣椒洗净，切末；将葱洗净，切段；将姜洗净，切末。
2. 将所有原材料和调味料混合，加适量凉开水调匀即可。

应用： 用作手撕包菜的酱汁。
保存： 室温下可保存5天。
烹饪提示： 适当加柠檬汁不仅可提升酱料的酸味，还能增加果香。

推荐菜例

农家手撕包菜

补养五脏，防癌抗癌

原材料 包菜400克，猪肉20克，干辣椒5克

调味料 盐2克，酱油3毫升，陈醋6毫升，酸甜排骨酱、油各适量

做法

1. 将包菜洗净，用手撕成小块；将猪肉洗净切片；将干辣椒洗净切段。
2. 锅中倒油烧热，下入干辣椒炝香，再下入猪肉和包菜一起翻炒至熟。
3. 最后加入陈醋、盐、酱油和酸甜排骨酱调味即可出锅。

大蒜豆酥酱

原材料 豆酥35克，大蒜、姜、白芝麻、葱段各10克

调味料 酱油8毫升，糖10克，油适量

做法

1. 将大蒜去皮洗净，切成末；将姜洗净，切成末。
2. 油锅烧热，入豆酥、蒜末、姜末、白芝麻、葱段炒香，调入酱油、糖与适量清水拌匀即可。

应用： 用于炒菜或拌面。
保存： 室温下可保存4天，冷藏可保存10天
烹饪提示： 将白芝麻炒过后会更香。

推荐菜例

宅门鸡

补肾益精，养心安神

原材料 鸡500克，花生米30克，熟芝麻10克，葱花适量

调味料 盐、麻油、红油、大蒜豆酥酱各适量

做法

1. 将水锅烧开，加入盐、麻油、红油、大蒜豆酥酱调匀成味汁；将鸡洗净，入沸水锅中煮熟后捞出，切块；将花生米洗净去皮，入油锅炸熟后置于鸡块上。
2. 将味汁淋在鸡块上，撒上葱花、熟芝麻即可。

干贝高汤酱

原材料 鸡高汤、干贝、枸杞子、当归片各适量

调味料 盐3克，糖5克，料酒10毫升

做法

1. 将干贝、枸杞子洗净，泡发；将当归片洗净。
2. 锅置火上，放入鸡高汤烧开，入当归、干贝同煮。
3. 加入枸杞子、料酒、盐、糖拌匀。

应用：可用于肉类菜肴。

保存：室温下可保存2天，冷藏可保存14天。

烹饪提示：如果没有鸡高汤，可用鲜汤代替。

推荐菜例

香菇粉条炖鸡

益气养血，补肾益精

原材料 鸡腿肉250克，水发香菇75克，水发粉条35克，葱段、姜片各2克

调味料 盐5克，酱油少许，干贝高汤酱适量

做法

1. 将鸡腿肉洗净斩块氽水；将水发香菇洗净切成块；将水发粉条洗净，切段备用。
2. 锅上火倒入水，调入盐、酱油、干贝高汤酱、葱段、姜片，入鸡腿肉、水发香菇、水发粉条，煲至熟即可。

南乳酱

原材料 红腐乳1小块

调味料 蚝油20毫升，糖适量，红油15毫升

做法

1. 将上述原材料与调味料依次放碗里。
2. 将它们混合搅拌均匀即可。

应用：用于肉类、蔬菜类菜肴。

保存：室温下可保存3天，冷藏可保存7天。

烹饪提示：欲增加辣味，可以适量添加辣粉。

推荐菜例

烩鸡翅

温中益气，补精填髓

原材料 去骨鸡翅2个，山药30克，香菇1朵，油菜少许，蒜末、姜末各适量，高汤100毫升

调味料 淀粉、酱油、盐、料酒、油、南乳酱各适量

做法

1. 将鸡翅以盐、料酒、酱油、蒜末、姜末腌至入味；将香菇切丝；将山药去皮切条；将油菜洗净。
2. 将鸡翅中段去骨肉的内侧蘸上少许淀粉，塞入香菇、山药和油菜叶柄，再裹上淀粉封口。
3. 将鸡翅入锅以小火煎至金黄，入高汤焖煮至汤汁收干，淋上南乳酱即可。

大蒜辣椒酱

原材料 大蒜、香菜各15克，红椒20克

调味料 盐3克，鸡精3克，白糖、油、白醋各适量

做法

1. 将大蒜去皮，洗净，切末；将红椒洗净，切末；将香菜洗净，切末。
2. 油锅烧热，放入红椒、蒜末炒香。
3. 调入盐、鸡精、白糖、白醋炒匀，撒上香菜即可。

应用：可用于腊味菜类。

保存：室温下可保存5天，冷藏可保存10天。

烹饪提示：大蒜末不要炒焦，以免影响口感。

推荐菜例

小炒腊猪脸

滋阴润燥，补血养颜

原材料 腊猪脸400克，蒜苗30克，红辣椒15克

调味料 盐3克，味精2克，酱油20毫升，大蒜辣椒酱50克，油适量

做法

1. 将腊猪脸洗净，切薄片；将蒜苗洗净，切段；将红辣椒洗净，切段。
2. 锅中注油烧热，放入猪脸炒至出油，再放入蒜苗、红辣椒炒匀。
3. 倒入酱油炒至熟后，加入盐、味精调味，起锅装盘，淋大蒜辣椒酱即可。

姜葱蚝油酱

原材料 葱20克，姜15克，高汤适量

调味料 鸡精3克，糖5克，老抽15毫升，蚝油20毫升，XO酱20克

做法

1. 将葱洗净切段；将姜洗净切末。
2. 锅烧热，将姜末、葱段炒香，放入高汤烧开，调入鸡精、XO酱、糖、蚝油、老抽稍煮即可。

应用：可用于肉类、海鲜类食物。

保存：室温下可保存3天。

烹饪提示：可将XO酱先入锅爆炒，这样香味更易散发出来。

推荐菜例

红烧鸡翅

温中益气，补精填髓

原材料 鸡翅3个，姜片5克，红辣椒片适量，蒜片6克，葱花3克

调味料 胡椒粉、盐各5克，生抽、料酒、醋各5毫升，白糖3克，淀粉8克，姜葱蚝油酱50克，油适量

做法

1. 将鸡翅洗净，切块。
2. 将鸡翅加少许盐、胡椒粉、料酒腌渍约5分钟；锅中入油烧热，下鸡翅炸至金黄，捞起沥干。
3. 锅中留油，加入蒜片、姜片、葱花爆香，放入鸡翅，调入盐、生抽、料酒、醋、白糖、淀粉、红辣椒片，加水煮至熟透，淋上姜葱蚝油酱即可。

胡椒豆酱蒸汁

原材料 姜适量

调味料 豆酱15克，酱油10毫升，米酒15毫升，鸡精、糖、白胡椒粉各适量

做法

1. 将姜洗净，切末。
2. 将酱油、豆酱、米酒、姜末、白胡椒粉、鸡精、糖混合，加入冷开水调拌均匀即可。

应用：可用于鱼类、肉类菜。

烹饪提示：此酱中若加入白醋，去腥作用更强。

推荐菜例

菜干蒸羊肉

补血益气，温中暖肾

原材料 菜干50克，带皮羊肉400克，蒜薹30克，红椒5克

调味料 盐3克，酱油5毫升，番茄酱5克，胡椒豆酱蒸汁30毫升，油适量

做法

1. 将羊肉洗净切成片，抹酱油和盐；将红椒洗净切成丁；将蒜薹洗净切末；将菜干泡发洗净，切碎。
2. 将羊肉皮朝下放入盘中，铺上菜干，入锅蒸25分钟后，倒扣取出。
3. 油锅烧热，下入蒜薹末、红椒、胡椒豆酱蒸汁，出锅淋在羊肉上即可。

桂花蜂蜜酱

原材料 桂花8克

调味料 蜂蜜30毫升，肉桂粉3克，味啉、鲜味露各适量

做法

1. 将蜂蜜加适量冷开水调匀。
2. 锅置火上，放入蜂蜜水，再放入桂花、肉桂粉、味啉、鲜味露稍煮，将桂花捞出即可。

应用：用于酥炸类食物。

保存：室温下可保存4天，冷藏可保存8天。

烹饪提示：肉桂粉不可过量使用。

推荐菜例

串烧鲫鱼

开胃健脾，利水除湿

原材料 小鲫鱼400克，葱5克，红辣椒2克，香菜适量

调味料 盐3克，孜然粉3克，红油10毫升，桂花蜂蜜酱、油各适量

做法

1. 将小鲫鱼洗净，去鳞、去内脏，用盐和孜然粉腌至入味，再用竹签串起来；将葱和红辣椒、香菜洗净切碎。
2. 油锅烧热，下入鲫鱼炸至呈金黄色后捞出，放入盘中。
3. 锅中倒入红油烧热，下入葱和红辣椒炒香，和桂花蜂蜜酱一起淋在鲫鱼上，撒上香菜即可。

泰式青咖喱

原材料 干葱6克，柠檬叶、咖喱叶各20克

调味料 辣椒粉8克，咖喱酱40克

做法

1. 将干葱清洗干净，切碎；将咖喱叶、柠檬叶清洗干净，混合装入容器中。
2. 再加入咖喱酱、水一起调拌均匀，最后放入干葱、辣椒粉即可。

应用： 适合用来搭配面食及肉类。

保存： 冷藏可保存10天。

烹饪提示： 此酱料味辣，可根据个人情况选择辣椒粉的用量。

推荐菜例

油淋土鸡

补肾益精，养心安神

原材料 卤水200毫升，鸡450克，辣椒丝、香菜段各10克

调味料 酱油、麻油各10毫升，花椒10克，泰式青咖喱、油各适量

做法

1. 将鸡洗净，汆水后沥干待用。
2. 煮锅加卤水烧开，放入鸡，以大火煮10分钟，熄火后再闷15分钟，捞出待凉后，斩块装盘。
3. 油锅烧热，爆香花椒、辣椒丝，加入酱油、麻油炒匀，出锅淋在鸡块上，然后撒上香菜，加入泰式青咖喱拌匀即可。

甜蒜蓉酱

原材料 大蒜20克

调味料 糖5克，鸡精3克，酱油、鱼露、梅汁、蚝油、油各适量

做法

1. 将大蒜去皮洗净，切末；油锅烧热，入蒜末炒香。
2. 加入糖、鸡精、酱油、鱼露、梅汁、蚝油混合拌匀即可。

应用：可用于蘸食肉类食物。
保存：室温下可保存3天，冷藏可保存7天。
烹饪提示：梅汁可用酸梅代替。

推荐菜例

香辣九节虾

养血固精，益气壮阳

原材料 虾300克，干辣椒8克，青椒、红椒各20克，葱5克

调味料 盐3克，鸡精2克，甜蒜蓉酱25克，醋、油各适量

做法

1. 将虾清洗干净；将干辣椒洗净；将青椒、红椒均去蒂洗净，切成圈；将葱洗净，切成段。
2. 锅中入油烧热，下干辣椒爆香，放入虾，炸至酥脆，放入青椒、红椒翻炒，调入盐、鸡精、醋炒匀，快熟时，放入葱段略炒起锅装盘，淋上甜蒜蓉酱即可。

泡椒番茄酱

原材料 大蒜适量

调味料 泡红椒、花生酱、番茄酱各适量，鸡精3克，白糖、盐各8克，麻油8毫升

做法

1. 将大蒜去皮切末；将泡红椒切碎。
2. 锅烧热，放泡红椒、蒜末炒香，加适量水烧开，调入花生酱、番茄酱、白糖、鸡精、盐拌匀，淋麻油即可。

应用：用于鱼类、肉类菜或者拌面。

烹饪提示：也可先将泡红椒、冷开水、盐入果汁机中打匀。

推荐菜例

家常烧带鱼

养肝补血，泽肤养发

原材料 带鱼800克，葱白、蒜各15克

调味料 盐5克，料酒15毫升，淀粉30克，麻油少许，泡椒番茄酱、油各适量

做法

1. 将带鱼洗净，切块；将葱白洗净，切段；将蒜去皮，切片备用。
2. 将带鱼加盐、料酒腌渍5分钟，再抹一些淀粉，下入油锅中炸至金黄色。
3. 添入水，烧熟后，加入葱白、蒜片、泡椒番茄酱炒匀，以淀粉加水勾芡，淋上麻油即可。

藏红花奶油汁

原材料 奶油20克，藏红花15克，洋葱丁12克

调味料 盐4克，白酒10毫升，柠檬汁8毫升

做法

1. 先加热奶油。
2. 再加入其余原材料拌和调味料拌匀，起锅即可。

应用：适合用于面条、肉类、蔬菜类食物。

烹饪提示：可以适当加点果糖以增加酱汁的风味。

推荐菜例

烤猪排骨

滋阴壮阳，益精补血

原材料 小排骨900克，蒜、辣椒各适量

调味料 五香粉、海鲜酱、番茄酱、白酱油、烈酒、油、蜂蜜各适量，藏红花奶油汁适量

做法

1. 将排骨切段；将蒜拍碎，将辣椒去子切碎，再与调味料混合，将排骨浸腌6小时至一夜，不时翻动。
2. 将烤架置于烤箱上层，底部放装水2厘米深的大铁盘，以接取滴下的油。
3. 预先将挂钩挂好，挂上肉条，将烤箱开至200℃，烤至金黄，需时40~50分钟。不时察看，颜色至黄时取出，待稍凉即可切开排骨上桌。

红酒肉酱

原材料 猪肉、洋葱、番茄、胡萝卜、牛肉、高汤各适量

调味料 盐、红酒、酱油各适量

做法

1. 将番茄洗净切丁；将洋葱、胡萝卜均洗净切碎；将猪肉、牛肉洗净剁末。油锅烧热，入猪肉、牛肉拌炒，加洋葱、番茄、胡萝卜炒香。
2. 入盐、高汤、红酒、酱油烧开即可。

应用：可用于肉类等食物。

烹饪提示：可用陈醋代替红酒。

推荐菜例

广东白切鸡

益气养血，补肾益精

原材料 鸡肉500克，姜末20克，葱末30克，青椒丝、红椒丝各适量

调味料 麻油30毫升，生抽、料酒各20毫升，盐3克，味精2克，红酒肉酱适量

做法

1. 将鸡肉洗净，汆水，切块，拌上料酒；将辣椒丝焯水。
2. 将辣椒丝与鸡肉装入盘中。
3. 将葱末、姜末及红酒肉酱除外的调味料做成调味汁，淋在鸡肉、辣椒丝上，配以红酒肉酱食用即可。

沙茶玫瑰酱

调味料 沙茶20克，玫瑰露15毫升，糖5克，胡椒粉3克，米酒20毫升，冰糖、蚝油、酱油膏、黑醋各适量

做法

1. 锅置火上，注水烧开。
2. 加入米酒、玫瑰露、糖、胡椒粉、冰糖、蚝油、酱油膏、沙茶、黑醋调匀即可。

应用：可用于肉类、海鲜类食物。
保存：室温下可保存5天，冷藏可保存10天。
烹饪提示：用玫瑰露做出的酱，保存期不宜超过2周。

推荐菜例

酸辣墨鱼仔

补益精血，补脾益肾

原材料 墨鱼仔10个，日本蟹柳3条，黑木耳50克，酸豆角20克，魔芋丝结5个
调味料 红油25毫升，胡椒粉10克，盐5克，味精少许，沙茶玫瑰酱、油各适量

做法

1. 将墨鱼仔洗净；将日本蟹柳切成片；将黑木耳水发30分钟；将酸豆角洗净切成粒；将魔芋丝结洗净。
2. 锅中加水烧开，墨鱼仔过水后捞起，将日本蟹柳、黑木耳、魔芋丝结焯水。
3. 油锅烧热，将酸豆角煸香；锅中注入适量水，放入蟹柳、黑木耳、魔芋丝结和调味料，入墨鱼仔煮片刻即可。

海鲜烤酱

调味料 海鲜酱30克，胡椒20克，蒜粉10克，盐1克，姜汁适量

做法

1. 先将胡椒碾碎。
2. 再与其他调味料混合拌匀即可。

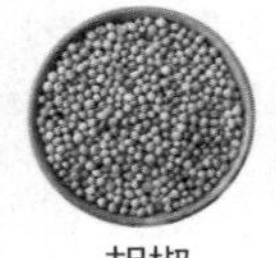

胡椒

盐

应用：适用于各种海鲜类食物。
保存：室温下可保存5天，冷藏可保存12天。
烹饪提示：姜汁也可以用姜末代替。

推荐菜例

豉味香煎排骨

降低血糖，活血化淤

原材料 排骨200克，鸡汤适量
调味料 盐、味精、料酒、豉汁、麻油、水淀粉、油、海鲜烤酱各适量

做法

1. 将排骨清洗干净，加盐、料酒腌渍。
2. 锅置火上，放油烧热，投入排骨，煎至呈金黄色捞出装盘。
3. 锅内留底油，放入鸡汤、豉汁、味精、麻油、海鲜烤酱，用水淀粉勾薄芡，浇在排骨上即可。

葡萄调味酱

原材料 红葱头10克，青椒、牛肉高汤各适量

调味料 柠檬汁、辣椒酱、葡萄酒、黑胡椒粉、油、芥末酱各适量

做法

1. 将红葱头洗净切末；将青椒洗净切圈；油锅烧热，放红葱头碎、青椒圈炒香。
2. 注入牛肉高汤、葡萄酒、柠檬汁烧开，加入辣椒酱、芥末酱、黑胡椒粉稍煮即可。

应用： 可用于鱼类、肉类食物。

烹饪提示： 此酱辣味十足，不能吃辣者可不用辣椒酱。

推荐菜例

梅汁鸡

温中补脾，益气养血

原材料 鸡腿90克，酸梅、话梅各5克，姜片、葱花、甘草、陈皮丝各适量

调味料 酱油、油、米酒、红糖、冰糖、五香粉、八角、葡萄调味酱各适量

做法

1. 将鸡腿洗净，用姜片、酱油腌渍10分钟，入锅炸至金黄色，取出；将八角、陈皮丝、甘草装入纱布袋备用。
2. 起油锅，爆香葱花、姜片，转中小火，加适量水、米酒、红糖、冰糖、五香粉煮约40分钟，滤汤备用。
3. 蒸碗内放入鸡腿、酸梅、话梅、冰糖、汤汁和纱布袋，加葡萄调味酱至将满，盖上保鲜膜，入锅蒸熟即可。

川辣花椒酱

原材料 大蒜、红椒碎各适量

调味料 芝麻酱、辣椒粉、花椒粒各适量，酱油15毫升，麻油、黑醋各10毫升，糖8克

做法

1. 将大蒜去皮洗净，切末。
2. 锅烧热，放入蒜末、红椒碎、辣椒粒、花椒粉炒至香。
3. 调芝麻酱、酱油、黑醋、糖拌匀，淋入麻油即可。

应用：适合用于肉类或蔬菜等。
烹饪提示：根据个人的喜好定酱料的辛辣程度。

推荐菜例

川香水煮牛肉

滋养脾胃，强健筋骨

原材料 牛肉300克，干辣椒50克，白芝麻8克，姜、蒜、葱各5克，高汤适量

调味料 盐、花椒各3克，醋、老抽、红油、川辣花椒酱、油各适量

做法

1. 将牛肉洗净，切成片；将干辣椒洗净，切成段；将姜、蒜洗净，切末；将葱洗净，切成葱花。
2. 锅下油烧热，下花椒、姜、蒜、干辣椒、白芝麻、川辣花椒酱爆香，放入牛肉煸炒至变色时，倒入高汤，然后调入盐、醋、老抽、红油煮沸后，撒上葱花即可。

茄汁焗豆酱

原材料 芸豆35克

调味料 淀粉15克，糖5克，盐2克，番茄酱30克

做法

1. 将芸豆入沸水中煮熟后捞起。
2. 加入番茄酱、淀粉、糖、盐混合拌匀即可。

应用：可用于肉类、海鲜类食物。

保存：室温下可保存5天，冷藏可保存12天。

烹饪提示：番茄酱味道酸甜可口，可增进食欲，且含有丰富的维生素。

推荐菜例

蒜薹腰花

补肾强腰，益气消滞

原材料 猪腰2副，蒜薹50克，红椒20克，姜末、蒜末各5克

调味料 盐、味精、料酒、油、老抽各适量，茄汁焗豆酱25克

做法

1. 将猪腰去腰臊洗净，切麦穗花刀，下除茄汁焗豆酱以外的调味料腌入味，上浆备用。
2. 将猪腰入油锅中滑散；将蒜薹洗净，切段；将红椒洗净。
3. 锅留底油，再下入姜、蒜炝锅，下入红椒、蒜薹、腰花和调味料，翻炒至入味，最后淋上茄汁焗豆酱即可。

红椒豆豉辣酱

原材料 红椒、菜脯、葱、大蒜、蒜苗各适量

调味料 醋8毫升，酱油5毫升，麻油6毫升，豆豉适量

做法

1. 将大蒜切末；将蒜苗、菜脯、红椒、葱均洗净切末。
2. 锅烧热，放蒜末、红椒末、蒜苗末、豆豉、菜脯炒香，调醋、酱油、麻油拌匀，撒上葱末即可。

应用：用于肉类、鱼类食物。

烹饪提示：要掌握好火候，用中火慢炒，味道才更好。

推荐菜例

南瓜豉汁蒸排骨

滋阴壮阳，益精补血

原材料 南瓜200克，猪排骨300克，葱、姜、大蒜、红椒丝各适量

调味料 盐、油、红椒豆豉辣酱各适量

做法

1. 将猪排骨清洗干净，剁成块，汆水；将南瓜洗净，切成大块排于碗中；将葱、姜、大蒜洗净，切末。
2. 油锅烧热，加入盐、红椒豆豉辣酱，再与排骨拌匀，放入排有南瓜的碗中。
3. 将碗置于蒸锅内蒸半小时后取出，撒上葱末、姜末、蒜末、红椒丝即可。

豆豉海鲜炒酱

原材料 红椒、姜各适量

调味料 豆豉、泡红椒各适量，糖8克，鸡精5克，酱油3毫升，盐3克

做法

1. 红椒洗净，切圈；姜洗净，切片。
2. 锅置火上，注水烧开，放入豆豉、泡红椒、红椒圈、姜片同煮，调入盐、糖、鸡精、酱油拌匀即可。

应用： 用于肉类、鱼类菜肴。

烹饪提示： 此酱汁可加入适量白醋，以提升风味。

推荐菜例

赛狮子头

滋阴润燥，补血养颜

原材料 猪肉1200克，烫好的西蓝花、粉皮、粉丝各200克，姜末适量

调味料 盐、料酒、淀粉、水淀粉、油、豆豉海鲜炒酱各适量

做法

1. 将烫好的粉丝铺盘底；将猪肉剁碎，加姜末、水、盐、料酒、淀粉搅拌揉成圆团，入油锅稍炸，加热水没过肉团，以小火炖好，捞出装盘。
2. 将粉皮放入碗中，再放入西蓝花，倒扣于盘中。
3. 油锅烧热，入盐、水淀粉调成味汁，淋在盘内，最后加入豆豉海鲜炒酱。

奶油虾仁酱

原材料 奶油20克，高汤、洋葱丁、蒜末、蘑菇块、虾仁各适量

调味料 盐、胡椒粉、油、白酒各适量

做法

1. 将虾仁洗净，切成末；油锅烧热爆香蒜末。
2. 入洋葱、蘑菇，炒至蘑菇变软后加白酒同煮。
3. 加入虾仁、高汤和奶油，搅拌煮开，改小火，用盐、胡椒粉调味即可。

应用： 用于海鲜类等食物。

烹饪提示： 做酱时不能用大火，且要不时搅拌。

推荐菜例

青豆百合虾仁

补肾壮阳，通乳抗毒

原材料 虾仁、青豆、百合各80克，橙子适量

调味料 盐3克，味精2克，油、奶油虾仁酱各适量

做法

1. 将橙子洗净，切片，摆盘；将虾仁、青豆、百合均洗净，分别下入沸水中浸烫去异味，捞出沥水。
2. 油锅烧热，下虾仁、青豆炒至八成熟，再入百合同炒片刻。
3. 调入盐、味精炒匀，起锅装在橙片上，配以奶油虾仁酱食用即可。

番茄醋酱

调味料 番茄酱20克，糖5克，麻油、白醋各适量

做法

1. 将所有的调味料混合。
2. 加入冷开水拌匀即可。

应用：用于肉类、海鲜类菜。

保存：室温下可保存3天，冷藏可保存7天。

烹饪提示：如果把番茄酱罐头开个口，先入锅蒸一下再用，用剩的酱可在较长时间内不变质。

推荐菜例

一品东坡肉

滋阴润燥，补血养颜

原材料 五花肉400克，西蓝花100克，葱、姜各适量

调味料 白糖、酱油、料酒各适量，番茄醋酱适量

做法

1. 将五花肉洗净，入锅煮至八成熟；将西蓝花洗净，掰成小朵，焯熟；将葱洗净，切成段；将姜洗净后拍烂。
2. 将大砂锅中垫上一个小竹架，铺上葱段、姜末，摆上五花肉，加料酒、酱油、白糖和适量水。
3. 盖上盖，焖1小时，至皮酥肉熟时盛盘，摆上西蓝花，配以番茄醋酱食用即可。

豆豉洋葱酱

原材料 姜、大蒜各10克，洋葱、青椒、红椒各15克

调味料 米酒8毫升，糖5克，酱油6毫升，豆豉15克，油适量

做法

1. 将姜洗净切末；将大蒜去皮洗净切末；将洋葱、青椒、红椒洗净切丁。
2. 油锅烧热，入姜末、蒜末、洋葱、青椒、红椒、豆豉炒香，调入米酒、糖、酱油炒匀即可。

应用：用于肉类菜肴。

烹饪提示：姜、蒜一定要先爆香，酱的香味才能浓郁。

推荐菜例

西蓝花猪蹄

补虚填精，改善睡眠

原材料 猪蹄500克，西蓝花100克，红辣椒丁、蒜苗各适量

调味料 盐3克，酱油20毫升，糖30克，味精、油各适量，豆豉洋葱酱适量

做法

1. 将猪蹄洗净，剁成块，汆水待用；将西蓝花洗净，掰成块，放入沸盐水中煮熟后捞出置于盘中；将蒜苗洗净，切段。
2. 锅内注油烧热，放入猪蹄块翻炒，加入盐、酱油、糖，注水焖煮至汤汁快干，放入红辣椒、蒜苗、豆豉洋葱酱拌炒，再放入味精调味，即可起锅。

豉汁蚝油酱

原材料 大蒜、姜各15克

调味料 蚝油、米酒各15毫升，豆豉15克，糖6克，酱油膏10克，油适量

做法

1. 将大蒜去皮洗净，切成末；将姜洗净，切成末。
2. 油锅烧热，放入大蒜、姜、豆豉炒香，入米酒、蚝油、糖、酱油膏拌匀即可。

应用： 可用于蒸菜类菜肴。

保存： 冷藏可保存5天。

烹饪提示： 豆豉分为干湿两种，干豆豉需事先爆香，湿豆豉则需沥干。

推荐菜例

梅菜蒸鲈鱼

健脾益肾，补气安胎

原材料 鲈鱼1条，梅菜200克，姜5克，葱6克

调味料 豉汁蚝油酱适量

做法

1. 将梅菜洗净，剁碎；将鲈鱼去鳞，宰杀洗净；将姜、葱切丝。
2. 在梅菜内加入豉汁蚝油酱、姜丝一起拌匀，铺在鱼身上。
3. 再将鱼盛入蒸笼，上锅蒸10分钟，取出，撒上葱丝即可。

鲈鱼

葱

洋葱辣椒酱

原材料 辣椒、香菜各20克，洋葱15克，番茄10克，西芹、红甜椒各30克

调味料 盐、黑胡椒、柠檬汁、橄榄油各适量

做法

1. 将辣椒洗净切丁；将其余的原材料洗净，切碎。
2. 再将所有原材料和调味料一起拌匀。

应用：可搭配海鲜食用。

保存：室温下可保存3天，冷藏可保存5天。

烹饪提示：柠檬汁应选用新鲜的。

推荐菜例

秘制香汤鱼

泽肤养发，滋补健胃

原材料 鱼400克，黄豆芽100克，熟黄豆30克，葱、红椒、高汤各适量

调味料 盐、花椒粉、胡椒粉、料酒、麻油、红油、油各适量，洋葱辣椒酱适量

做法

1. 将鱼洗净，取肉切片；将葱洗净，切成段；将红椒洗净切成条；将黄豆芽洗净。
2. 油锅烧热，倒入高汤烧开，调入盐、花椒粉、胡椒粉、料酒、红油拌匀。
3. 放入鱼片、黄豆芽、红椒同煮至熟，起锅装入碗中，撒上熟黄豆、葱段，淋入麻油和洋葱辣椒酱即可。

巴东酱

原材料 椰奶15毫升，南姜、洋葱各10克，葱适量

调味料 黄姜粉8克，咖喱粉8克，辣椒粉5克

做法

1. 将南姜洗净，切末；将洋葱洗净，切丁；将葱切碎。
2. 将所有原材料和调味料混合拌匀即可。

应用： 适合用来搭配油炸肉类。

保存： 室温下可保存3天，冷藏可保存7天。

烹饪提示： 将洋葱、南姜切碎，香味更容易散发出来。

推荐菜例

鸿运带鱼

养肝补血，泽肤养发

原材料 带鱼750克，红辣椒20克，葱、姜各3克，面粉10克

调味料 料酒3毫升，胡椒粉、盐各3克，味精1克，巴东酱、油各适量

做法

1. 将带鱼洗净，切段；将葱、姜洗净切碎；将红辣椒洗净切段。
2. 将带鱼用姜、料酒、胡椒粉、盐拌匀腌渍，再裹上面粉。
3. 锅中倒油烧热，倒入带鱼炸至深黄色盛盘，另起锅倒油烧热，倒入红辣椒、味精、巴东酱炒香捞出，淋在带鱼上，撒上葱花即可。

新加坡拉沙酱

原材料 干葱5克，洋葱、蒜、红辣椒、虾干粉各适量

调味料 红椒粉6克，麻油适量

做法

1. 将洋葱、红辣椒洗净，切末；将蒜去皮，剁成蒜蓉；将干葱切末。
2. 炒香干葱、蒜、洋葱、红辣椒，再加入虾干粉和调味料略炒即可。

应用：用于肉类、海鲜食物。

烹饪提示：做此酱时可以加一点鸡精来调味。

推荐菜例

水煮肉

补肾养血，滋阴润燥

原材料 猪肉250克，豆芽200克，干辣椒50克，姜、葱花各10克

调味料 豆瓣酱50克，料酒10毫升，红油25毫升，盐3克，新加坡拉沙酱、油各适量

做法

1. 将猪肉洗净切片；将豆芽洗净；将姜去皮洗净切片；将干辣椒洗净切段。
2. 热锅入油，入豆芽炒至断生，盛碗。
3. 将油烧热，放入豆瓣酱、姜、干辣椒炒香，加清水烧沸，下入肉片，烹入料酒，加入红油、盐和新加坡拉沙酱调味，烧开后将肉片汤倒入盛豆芽的碗内，撒上葱花即可。

甜辣酱

调味料 辣椒酱50克，糖10克

做法

1. 将上述调味料依次放碗里。
2. 将它们混合搅拌均匀即可。

辣椒酱

糖

应用：适合用于肉类、鱼类、海鲜类食物。

保存：室温下可保存7天，冷藏可保存15天。

烹饪提示：使用后将剩余的酱密封起来保存。

推荐菜例

油爆河虾

通络止痛，开胃化痰

原材料 河虾350克，葱段适量

调味料 料酒、醋各适量，油、甜辣酱各适量

做法

1. 将虾剪去钳、须、脚，洗净沥干水。
2. 起油锅，烧至七成热时，将虾放入锅中，约炸5秒钟即用漏勺捞起，待油温回升八成热时，再将虾复炸10秒钟，使肉与壳脱开，用漏勺捞出。
3. 锅内加少许油，放入葱略煸，倒入虾，入料酒，加甜辣酱，略炒，烹入醋，出锅盛盘。

胡椒茴香酱

原材料 番茄60克，洋葱20克

调味料 黑胡椒粉2克，茴香粉、盐各5克，糖8克

做法

1. 将番茄、洋葱洗净，切丁，入锅加水煮至番茄熟软。
2. 加入调味料调味煮开。

应用： 用于烧牛肉等肉类。

保存： 室温下可保存3天。

烹饪提示： 如果希望做的酱均匀，可以在番茄熟软后，将其与其他材料放入果汁中先搅匀后再煮。

推荐菜例

鲑鱼洋葱汤

补虚健脾，暖胃和中

原材料 鲑鱼100克，洋葱100克，土豆300克，欧芹末15克

调味料 盐、胡椒粉各3克，意大利综合香料10克，胡椒茴香酱适量

做法

1. 将鲑鱼切成小块；将洋葱剥皮后切丁备用。
2. 将土豆、洋葱放清水中，以大火煮沸后转小火续煮30分钟后关火，待微温时放果汁机内打匀，再倒回锅中。
3. 将鲑鱼肉加入做法2的汤中，用中火边煮边搅拌，直至沸腾，最后加入调味料和欧芹末煮匀即可。

鲜鸡酱

原材料 鸡肉50克，大蒜15克，鸡高汤适量

调味料 鸡油20克，酒10毫升，糖8克，盐6克

做法

1. 将鸡肉洗净切末；将大蒜去皮洗净。
2. 烧热鸡油，放入大蒜、鸡肉末炒香，注入鸡高汤烧开。
3. 调入盐、糖、酒，拌匀即可。

应用：用于肉类、蔬菜类菜肴。
烹饪提示：鸡高汤也可以用素高汤来代替。

推荐菜例

巴国奇香肉

滋阴润燥，补血养颜

原材料 五花肉500克，胡萝卜100克，红枣30克

调味料 盐3克，味精1克，酱油20毫升，糖10克，鲜鸡酱、油各适量

做法

1. 将五花肉洗净，切成块；将胡萝卜洗净，切块；将红枣洗净。
2. 锅中注油烧热，放入五花肉炒至变色，再放入胡萝卜、红枣一起翻炒。
3. 注入适量清水，倒入酱油，煮至汤汁收浓时，调入盐、味精、鲜鸡酱、糖煮至入味，起锅装盘即可。

柠檬蒸鱼酱

原材料 辣椒、蒜、香菜、柠檬片、葱花各适量

调味料 柠檬汁20毫升，糖10克，味精3克，鱼露30毫升

做法

1. 将辣椒、大蒜、香菜洗净，切成末。
2. 将原材料和调味料混合均匀即可。

应用：用于蒸鱼或禽肉类。

保存：室温下可保存5天，冷藏可保存12天。

烹饪提示：宜选用新鲜柠檬汁。

推荐菜例

川式清蒸鲜黄鱼

通利五脏，健身美容

原材料 黄鱼400克，肉末10克，葱、辣椒各5克，芽菜10克

调味料 豆豉15克，红油10毫升，盐适量，柠檬蒸鱼酱、油各适量

做法

1. 将黄鱼洗干净，去鳞、内脏，纵向剖成两半，抹上盐，放入蒸锅中蒸熟。
2. 将葱、辣椒分别洗净切碎，下入热油锅中炸香，倒入肉末和豆豉炒熟。
3. 再倒入芽菜和红油炒匀，出锅倒在黄鱼上，淋上柠檬蒸鱼酱即可。

梅子酱

原材料 辣椒、姜、大蒜、梅子粉各15克

调味料 白醋、冰糖各适量

做法

1. 将辣椒、姜均洗净，切碎；将大蒜去皮洗净，切碎。
2. 将辣椒碎、姜碎、大蒜碎、梅子粉、白醋、冰糖混合，加入水拌匀，入锅烧开，将冰糖煮溶化即可。

应用：可用于肉类食物。

保存：冷藏可保存7天。

烹饪提示：梅子也可以整个放入，风味不减。

推荐菜例

飘香白肉

滋阴润燥，补血养颜

原材料 猪腿肉400克，莴笋200克，高汤800毫升，青椒、红椒各50克，香菜10克，姜丝5克

调味料 青花椒20克，盐4克，鸡精3克，梅子酱15克，油适量

做法

1. 将猪腿肉入沸水中汆烫，切薄片；将莴笋洗净去皮，切条状；将青椒、红椒洗净，切圈；将香菜洗净，切段。
2. 热锅加油，下入青花椒、姜丝炒香，加入猪腿肉和莴笋炒匀，加入青椒、红椒同炒。加入适量高汤炖煮，加盐和鸡精调味，撒上香菜，淋上梅子酱即可。

柠檬甜醋酱

原材料 柠檬1片

调味料 白醋15毫升，糖8克，盐5克

做法

1. 将白醋、糖、盐用凉开水混合均匀。
2. 再加入柠檬片浸渍几分钟即可。

应用：适合用来搭配海鲜或做油炸肉类的淋酱。

保存：室温下可以保存1天，冷藏可以保存5天。

烹饪提示：柠檬的酸味可增添果香。

红酒宾尼士汁

原材料 鸡蛋黄1个

调味料 黄油15克，盐4克，胡椒、酸叶香草各3克，红酒10毫升，柠檬汁8毫升

做法

1. 将鸡蛋黄搅拌打匀。
2. 加热黄油至融化后，将打好的鸡蛋黄液缓缓倒入黄油中，边倒边搅拌，至浓稠后再入其余调味料即可。

应用：适合搭配果蔬或面包之类。

保存：室温下可以保存1天，冷藏可以保存7天。

烹饪提示：黄油可用奶油代替。

番茄香葱汁

原材料 大蒜10克，葱、番茄酱各适量

调味料 糖5克，盐2克，番茄汁50毫升

做法

1. 将大蒜去皮洗净，切成末；葱洗净，切成末；番茄洗净，切碎。
2. 将原材料与调味料混合拌匀即可。

应用： 用于肉类、海鲜类食物。

保存： 室温下可保存3天，冷藏可保存7天。

烹饪提示： 葱末也可放入油锅中炒香后再使用。

辣味姜汁

原材料 姜、葱、红椒各15克

调味料 盐2克，红油20毫升，油适量

做法

1. 将姜洗净，切末；将葱洗净，切葱花；将红椒洗净，切碎。
2. 油锅烧热，入姜末、红椒碎炒香，调入红油、盐拌匀，撒上葱花即可。

应用： 用于炒肉类、海鲜类菜肴。

保存： 室温下可保存5天，冷藏可保存12天。

烹饪提示： 若加入适量白醋，可变为酸辣味，味道也很不错。

牛奶起司酱

原材料 牛奶30毫升，奶油40克，比萨起司末10克

调味料 白油15毫升

做法

1. 锅置火上，放入奶油、牛奶、水，用中火加热。
2. 放入比萨起司末，加入白油拌至融化即可。

应用：用于海鲜、水果等。

保存：室温下可保存1天，冷藏可保存10天，冷冻可保存30天。

烹饪提示：加热时，要一边加热一边搅拌。

青榄酱

原材料 青橄榄15克，洋葱10克，葱花少许

调味料 盐3克，胡椒、橄榄油各适量

做法

1. 将青橄榄洗净切小块；洋葱切丁。
2. 油锅烧热，加入备好的青橄榄、洋葱拌炒数下，最后加余下的原材料和剩余调味料炒匀至香即可。

应用：适合用来搭配面食或炒菜。

保存：室温下可保存2天，冷藏可保存14天。

烹饪提示：可在酱汁中添点榨菜末以增风味。

萝卜姜汁酱

原材料 萝卜20克

调味料 姜汁酱油40毫升

做法

1. 将萝卜洗净，切碎。
2. 再将萝卜与姜汁酱油混合均匀即可。

应用：适用于蘸食油炸类料理。

保存：冷藏可保存2天。

烹饪提示：酱中如果加入萝卜泥，味道较爽口。

蘑菇蒜蓉酱

原材料 蘑菇70克，蒜蓉8克，高汤、奶油各适量

调味料 牛油8克，盐、胡椒粉、红酒各适量

做法

1. 将蘑菇洗净，切片，锅置火上，放入牛油，加入蘑菇、蒜蓉煸香，等蘑菇香软后，加入红酒、高汤、奶油，拌匀后煮至沸腾。
2. 最后加入盐、胡椒粉调味即可。

应用：用于拌菜或者佐食面包。

保存：室温下可保存2天，冷藏可保存11天，冷冻可保存30天。

烹饪提示：可以放些洋葱增添风味。

橄榄巴沙酱

原材料 大蒜10克，香芹12克，月桂叶25克

调味料 橄榄油20毫升，巴沙米可适量，盐3克，胡椒粉15克

做法

1. 将大蒜、香芹、月桂叶洗净，切碎。
2. 再与所有调味料混合均匀即可。

应用：适用于各种蔬菜。

保存：冷藏可保存7天。

烹饪提示：食材腌渍后放一夜，味道更香。

明虾调味汁

原材料 奶油、白煮蛋、酸黄瓜、红葱头、欧芹、酸豆各适量

调味料 盐、黑胡椒粉、苹果醋、橄榄油各适量

做法

1. 先将红葱头洗净切碎。
2. 再与剩下原材料和调味料一起放入搅拌机搅拌均匀后加热即可。

应用：适用于明虾等海鲜。

保存：室温下可保存2天，冷藏可保存10天。

烹饪提示：欧芹是西式料理中常见的香料，如同香菜。

橄榄牛排调味酱

原材料 牛肉高汤、洋葱各适量

调味料 盐、黑胡椒粉各3克，橄榄油、红酒各适量

做法

1. 将洋葱洗净，切丝；油锅烧热，下洋葱丝炒香。
2. 注入牛肉高汤烧开，调入盐、黑胡椒粉、红酒拌匀即可。

应用： 可用于煎、烤牛排类食物。

保存： 室温下可保存3天，冷藏可保存18天。

烹饪提示： 做此酱时，开小火即可。

白酒奶油酱汁

原材料 红葱头5克，奶油适量

调味料 白酒8毫升，盐、胡椒粉各适量，基本白酱10克

做法

1. 将红葱头洗净，切碎；锅烧热，入奶油煮至融化，加红葱头碎炒香。
2. 调入盐、胡椒粉、基本白酱、白酒煮开即可。

应用： 可搭配鱼肉菜肴。

保存： 室温下可保存2天，冷藏可保存5天。

烹饪提示： 此酱中的奶油宜选用动物性奶油，口感会好些。

蘑菇红酒酱

原材料 牛肉原汁、蘑菇、洋葱、大蒜各适量，奶油25克

调味料 盐3克，胡椒粉15克，红酒适量

做法

1. 将洋葱、大蒜均洗净切碎；将蘑菇洗净，切片；锅烧热，放入奶油煮至融化后，下洋葱、大蒜、蘑菇一起用大火炒香。
2. 加入红酒煮沸，再放入牛肉原汁和盐、胡椒粉即可。

应用： 适用于各种肉食。

保存： 冷藏可保存6天。

烹饪提示： 放入红酒酱汁，味道会更清香。

桑柏烧汁

原材料 桑柏20克

调味料 布朗烧汁30毫升，糖8克，盐5克，柠檬汁10毫升

做法

1. 将上述原材料与调味料依次放碗里。
2. 将它们混合搅拌均匀即可。

应用： 适合用来搭配果蔬、面食等。

保存： 室温下可保存2天，冷藏可保存14天。

烹饪提示： 柠檬汁可以提升酱汁的酸味，还可增添果香。

紫苏油

原材料 新鲜紫苏30克

调味料 橄榄油40毫升，鲜百里香1棵

做法

1. 先将新鲜紫苏清洗干净。
2. 然后混合橄榄油、百里香即可。

紫苏

橄榄油

应用：可以用来炒蔬菜等。
保存：室温下可保存2天，冷藏可保存20天。
烹饪提示：百里香酌量添加。

牛肉红葱酱

原材料 牛肉原汁、大蒜、茵陈蒿、洋葱各适量

调味料 盐3克，胡椒粉15克，油、红酒各适量

做法

1. 将洋葱、大蒜均洗净切碎；油锅烧热，下洋葱、大蒜一起炒香。
2. 再放入红酒，煮至沸时加入牛肉原汁、茵陈蒿及剩余调味料即可。

应用：适用于牛肉。
保存：冷藏可保存7天。
烹饪提示：此酱可用奶油来调制。

奶油葡萄柚酱

原材料 葡萄柚汁100毫升，奶油50克

调味料 柠檬汁15毫升，盐适量

做法

1. 先在葡萄柚汁中缓缓加入奶油，不停地搅拌至匀。
2. 最后加入柠檬汁和盐即可。

应用：用来搭配果蔬，面包亦可。

保存：室温下可保存1天，冷藏可保存15天。

烹饪提示：柠檬汁可提供酱汁的酸味，并使其清香无腻感。

芥末沙拉酱

原材料 柠檬1个

调味料 橄榄油15毫升，芥末酱40克，芝麻酱20克，蜂蜜50毫升

做法

1. 将柠檬榨汁。
2. 然后与调味料搅拌均匀。

应用：用于沙拉、面包等。

保存：室温下可保存2天，冷藏可保存15天。

烹饪提示：此酱冷藏一晚后再用，口味更佳。

白酒香菜酱

原材料 香菜、牛肉高汤、奶油、红葱头碎、姜片各适量

调味料 糖5克，黑胡椒粉、盐各3克，白酒适量

做法

1. 将香菜洗净，切末；锅烧热，入奶油，再入红葱头碎、姜片。
2. 加入牛肉高汤、白酒烧开，调入糖、黑胡椒粉、盐拌匀，撒上香菜末。

应用： 可用于肉类菜肴。
保存： 室温下可保存2天，冷藏可保存15天。
烹饪提示： 白酒酒味浓郁，也可以用清酒代替。

奶油香料酱

原材料 四季豆、奶油、番茄各适量

调味料 糖、盐各10克，黑胡椒粉2克，香料、百里香各适量

做法

1. 将番茄去皮；锅中注水烧沸，加盐，入四季豆、番茄烫熟后切碎。
2. 锅烧热，入奶油、番茄、四季豆、香料、百里香煮开，以糖、黑胡椒粉调味。

应用： 用来蘸食肉类或者做沙拉。
保存： 冷藏可保存7天。
烹饪提示： 将四季豆放入加盐的开水中煮更易入味。

茵陈红椒酱

原材料 香芹、洋葱、奶油、鸡高汤、蘑菇、番茄酱、干茵陈各适量

调味料 盐3克，胡椒粉15克，红椒粉、白兰地酒、红酒各适量

做法

1. 将香芹、洋葱洗净切碎；锅烧热，放入奶油炒香蘑菇和洋葱，放入红酒煮至汤沸。
2. 加入剩余的原材料和调味料，煮至酱汁浓稠即可。

应用：可搭配各种肉食菜品。
保存：冷藏可保存8天。
烹饪提示：白兰地酒可以根据个人口味添加。

红酒松子酱

原材料 牛肉原汁、洋葱、杜松子、奶油各适量

调味料 盐3克，胡椒粉20克，红酒适量

做法

1. 将洋葱洗净，切碎；锅烧热，放入奶油煮至融化后，下洋葱炒香，入红酒煮沸。
2. 放入牛肉原汁、杜松子和盐、胡椒粉煮至酱汁浓稠即可。

应用：可搭配各种肉食菜品。
保存：冷藏可保存8天。
烹饪提示：将杜松子先烤香后再放入为宜。

辣味羊排酱

原材料 番茄20克，迷迭香末15克

调味料 辣椒水50毫升，辣椒粉、红酒、红醋、红糖各适量

做法

1. 将番茄洗净，切丁；锅中放入红酒、辣椒水、红醋烧开。
2. 加入迷迭香末、番茄丁同煮，调入辣椒粉、红糖稍煮即可。

应用：烤羊排、鸭肉或鹅肉的蘸酱。

保存：室温下可保存3天，冷藏可保存18天。

烹饪提示：迷迭香可去腥，若加入米醋，去腥作用更强。

意式西西里汁

原材料 番茄块25克，黑橄榄、青橄榄各15克，洋葱丁10克

调味料 橄榄油12毫升，盐少许，黑醋5毫升，油适量

做法

1. 油锅烧热，加洋葱、番茄拌炒数下，再将黑橄榄、青橄榄分别加入。
2. 最后加黑醋、盐入味即可。

应用：适合用来搭配面食或蔬菜。

保存：室温下可保存2天，冷藏可保存14天。

烹饪提示：黑醋能增添酱汁的色泽，且香味更浓。

咖喱调味酱

原材料 洋葱、大蒜、鱼高汤各适量，苹果1个

调味料 盐、黑胡椒粉、橄榄油、白酒、咖喱粉各适量

做法

1. 将洋葱、大蒜洗净切成丁；将苹果洗净去皮切成块。
2. 锅中放入橄榄油，爆香洋葱、大蒜后加入苹果块拌匀，倒入鱼高汤、白酒，以中火煮20分钟，加其余调味料拌匀。

应用： 适用于海鲜、肉类。

保存： 冷藏可保存8天。

烹饪提示： 苹果要现用现切，避免氧化变黄。

柠檬奶油酱

原材料 奶油50克，柠檬皮10克，玉米粉8克

调味料 糖、盐、白胡椒粉各少许，柠檬汁15毫升

做法

1. 先用水调匀玉米粉，再将其余原材料和调味料混合用火加热煮开。
2. 最后用玉米粉水勾芡即可。

应用： 适合用作糕点等的馅料或蘸食果蔬等。

保存： 室温下可保存1天，冷藏可保存14天。

烹饪提示： 柠檬汁能增添酱汁香味。

月桂辣酱

原材料 玉米粉8克，蒜蓉15克，鸡高汤100毫升，奶油30克，月桂叶2片，山艾粉5克

调味料 番茄酱30克，糖、盐各5克，白酒25毫升，黑胡椒粉2克，辣酱油8毫升，牛排酱15克

做法

1. 用水将玉米粉调好；将其余原材料和调味料入锅用中火煮开。
2. 最后用玉米粉水勾芡即可。

应用：用于腌渍肉类或者炒菜。

保存：冷藏可保存7天。

烹饪提示：若希望酱更浓稠，可在勾芡后再略煮。

黑醋椒汁酱

原材料 高汤50毫升，红甜椒20克

调味料 糖、黑醋各适量

做法

1. 将红甜椒洗净，切圈。
2. 锅烧热，放入高汤烧开，再入红甜椒、糖、黑醋同煮片刻即可。

应用：可作为海鲜的淋酱。

保存：室温下可保存1天，冷藏可保存10天。

烹饪提示：高汤以大骨高汤或者鸡高汤为佳。

牛奶黄瓜高汤酱

原材料 牛奶30毫升，奶油40克，比萨起司末10克，黄瓜粒、高汤各适量

调味料 白油15毫升

做法

1. 锅置火上，放入奶油、牛奶、黄瓜粒、高汤，用中火加热。
2. 放入比萨起司末，加入白油拌至融化即可。

应用： 用于海鲜、水果等。

保存： 室温下可保存2天，冷藏可保存15天。

烹饪提示： 加热时，要一边加热一边搅拌。

奶油丁香酱

原材料 洋葱5克，牛奶、奶油、面粉各适量

调味料 白胡椒粉、盐、丁香各少许

做法

1. 将奶油加热至融化，加面粉加热至糊状；将洋葱洗净去皮，切丁。
2. 将牛奶入锅，加入丁香、洋葱煮沸后滤渣。
3. 将滤汁入面糊中，加热搅至浓稠，加白胡椒粉、盐即可。

应用： 搭配面条及蔬菜，肉类亦可。

保存： 冷藏可保存10天。

烹饪提示： 步骤3中加入酱汁时宜缓慢搅匀。

高汤奶油酱

原材料 鱼高汤、奶油、洋葱、葱段、鳀鱼片各适量

调味料 盐、胡椒粉各3克，白酒适量

做法

1. 将洋葱洗净切碎；锅烧热，放奶油、洋葱碎炒香，放入鳀鱼翻炒，加白酒、鱼高汤煮沸，加入葱段并拌匀。
2. 再用盐和胡椒粉调味即可。

应用： 适用于各种蔬菜、海鲜。
保存： 室温下可以保存2天，冷藏可以保存12天。
烹饪提示： 本道酱汁香甜可口，色香味俱全。

柠檬洋葱酱

原材料 酸豆、洋葱、熟蛋、酸黄瓜、香芹各适量

调味料 盐3克，胡椒粉15克，蛋黄酱、柠檬汁各适量

做法

1. 将酸豆、洋葱、熟蛋、酸黄瓜、香芹均洗净，切碎。
2. 再与调味料混合均匀即可。

应用： 适用于海鲜、肉类等。
保存： 冷藏可保存10天。
烹饪提示： 所有的材料需沥干水分后再搅拌。

牛油洋葱酱

原材料 玉米粉6克，鸡高汤50毫升，鸡胸肉20克，红洋葱、葡萄、奶油各适量

调味料 盐5克，胡椒粉2克，牛油、豆蔻各适量

做法

1. 将鸡胸肉、红洋葱均清洗干净切丁。
2. 油锅烧热，爆香红洋葱，加葡萄略煮，再入其余原材料和调味料拌匀。

应用：用于淋在肉类食物上。

保存：室温下可保存3天，冷藏可保存10天。

烹饪提示：将红洋葱和葡萄捞出，有利于酱汁的保存。

甜椒沙拉酱

原材料 红甜椒适量

调味料 蛋黄酱20克，柠檬汁、红甜椒粉各适量

做法

1. 将红甜椒洗净，切圈。
2. 将红甜椒、水、蛋黄酱、柠檬汁、红甜椒粉一同拌匀即可。

应用：可用于肉类、海鲜类菜肴。

保存：室温下可保存3天，冷藏可保存7天。

烹饪提示：红甜椒可先在火上烤焦黑，去外皮，这样味道会更好。

白兰地奶油酱

原材料 奶油20克，龙虾高汤30毫升

调味料 白兰地酒15毫升，盐3克，胡椒15克，白酒奶油酱汁15毫升

做法

1. 先将胡椒研成粉。
2. 然后将锅烧热，放入所有原材料和调味料煮至浓稠即成。

应用：适用于海鲜。
保存：室温下可保存2天，冷藏可保存7天。
烹饪提示：加入白兰地酒能使酱汁有股淡淡的清香。

葱柠檬酱

原材料 葱、玉米粉、西芹、奶油、鱼高汤、迷迭香各适量

调味料 盐3克，胡椒粉、糖、柠檬汁各适量

做法

1. 将葱、西芹洗净，切碎；将玉米粉用水调匀，然后锅置火上，用奶油把葱煸炒出香味，加入玉米粉外的其余原材料和调味料，用中火煮开，边煮边搅拌。
2. 最后用玉米粉水勾芡即可。

应用：用于点心或者沙拉。
烹饪提示：葱用奶油炒香，香味能更好地释放出来。

洋葱扒酱

原材料 番茄糊、洋葱丝、牛高汤、大蒜各适量

调味料 番茄酱、意大利香料、盐、油、黑胡椒粉各适量

做法

1. 将大蒜洗净切片；油锅烧热，入蒜爆香，入洋葱拌炒。
2. 加入番茄糊、番茄酱，放入意大利香料，再入牛高汤拌煮，加盐和黑胡椒粉调味即可。

应用：适合用作牛扒等的酱汁。

烹饪提示：牛高汤可以用其他高汤来代替。

芥末茵陈酱

原材料 奶油80克，茵陈蒿5克

调味料 芥末酱35克，白酒20毫升，橄榄油15毫升，芥末籽酱10克

做法

1. 加热橄榄油，加入芥末酱、芥末籽酱、白酒、奶油拌炒数下。
2. 再加茵陈蒿即可。

应用：适合用来搭配肉类及时蔬。

保存：室温下可保存3天，冷藏可保存5天。

烹饪提示：橄榄油可用猪油代替，依情况而定。

无花果奶油酱

原材料 玉米粉25克，奶油适量，干无花果30克

调味料 盐3克，胡椒粉15克，糖10克，白酒20毫升

做法

1. 将玉米粉之外的所有原材料和调味料煮20分钟。
2. 然后以玉米粉勾芡即可。

应用： 适用于鸡肉。
保存： 室温下可保存3天，冷藏可保存5天。
烹饪提示： 将酱汁煮至剩一半后，酱汁的味道会更香。

番茄鲜菇酱

原材料 番茄、香菇、鲍鱼菇、月桂叶、牛肉高汤各适量

调味料 盐3克，黑胡椒粉、番茄酱各适量

做法

1. 将番茄、香菇、鲍鱼菇洗净切丁；将月桂叶入锅爆香，下番茄丁拌炒，入香菇、鲍鱼菇炒香，加番茄酱炒熟。
2. 入牛肉高汤拌煮至沸，起锅前加入盐、黑胡椒粉调味即可。

应用： 适合用来搭配肉类或蔬菜。
烹饪提示： 牛肉高汤可以用其他高汤来代替。

金橘辣酱

原材料 金橘30克，辣椒15克

调味料 盐5克，米酒10毫升，白糖8克

做法

1. 将辣椒清洗干净，切碎。
2. 将金橘入锅煮熟、去籽，放入米酒、白糖、盐、辣椒同煮成糊状即可。

应用：用于猪肉、鸡肉类菜肴。

保存：室温下可保存3天，冷藏可保存6天。

烹饪提示：因水分少，做此酱时一定要用小火，并不停搅拌，以免糊锅。

丁香鱼酱

原材料 丁香鱼30克，辣椒10克，葱白25克

调味料 盐、味精各2克，姜汁15毫升，油适量

做法

1. 将辣椒、葱白均洗净，切末。
2. 油锅烧热，下丁香鱼、辣椒、葱白炒香，调入盐、味精、姜汁拌匀即可。

应用：适用于各种肉类、海鲜等。

保存：室温下可保存5天。

烹饪提示：选用葱白来调制此酱，香味更浓郁。

牛肉胡椒酱

原材料 牛肉原汁、香芹、奶油各适量

调味料 盐3克，胡椒粉15克，辣酱油、胡椒粒、辣酱各适量

做法

1. 将香芹清洗干净，切碎；将胡椒粒放入烤箱中烤香。
2. 锅烧热，倒入牛肉原汁，加入其余原材料和调味料煮沸即可。

应用：适用于各种肉类。

保存：室温下可保存7天。

烹饪提示：可以将胡椒粒先烤一下，味道会更香。

番茄苹果酱

原材料 大蒜15克

调味料 番茄汁20毫升，盐3克，苹果醋、红酒醋各适量

做法

1. 将大蒜清洗干净，切末。
2. 与调味料混匀即可。

应用：用于生煎鱼片或清蒸海鲜类。

保存：室温下可保存5天，冷藏可保存12天。

烹饪提示：将番茄苹果酱冰镇以后再用，口感较佳。

红酒调味酱

原材料 牛肉高汤、番茄、洋葱碎、胡萝卜、香菜末各适量

调味料 盐、黑胡椒粉各3克，红酒10毫升，油适量

做法

1. 将番茄洗净，切碎后打成糊；将胡萝卜洗净切条；油锅烧热，放胡萝卜、洋葱炒香。
2. 入牛肉高汤、番茄糊、红酒烧开。
3. 调入盐、黑胡椒粉搅拌均匀，撒上香菜末即可。

应用：可用于肉类菜肴。

烹饪提示：爆香洋葱时，要拿捏好爆香的时间。

牛骨肉酱

原材料 鸡高汤150毫升，牛骨、番茄糊各适量

调味料 黑胡椒粒20克

做法

1. 锅烧热以后，加入鸡高汤烧开，再放入牛骨进行熬煮。
2. 加入黑胡椒粒、番茄糊稍煮即可。

应用：可用于搭配肉类食物。

保存：室温下可保存3天，冷藏可保存8天。

烹饪提示：在熬牛骨之前，需将牛骨的血水冲洗净。

大蒜香辣酱

原材料 红葱头、大蒜各15克

调味料 盐、糖、辣椒粉、油、花生酱、沙茶酱各适量

做法

1. 将红葱头洗净，切成末；将大蒜去皮洗净，切成末。
2. 油锅烧热，入红葱头末与蒜末炒香，调入盐、糖、辣椒粉，加入花生酱、沙茶酱续炒片刻即可。

应用：可用于肉类菜肴。

保存：室温下可保存7天。

烹饪提示：炒大蒜末与红葱头末时火候不宜太大。

蛋黄胡椒酱

原材料 蛋黄2个，奶油适量

调味料 盐、黑胡椒粉、白酒、柠檬汁各少许

做法

1. 锅置火上，放入白酒、柠檬汁、盐和黑胡椒粉用大火煮沸，放凉备用。
2. 向锅中加入蛋黄，移开后慢慢加入奶油，最后加入温水混合均匀即可。

应用：适合用来搭配面包、时蔬等。

保存：室温下可保存3天。

烹饪提示：加入奶油时要慢，并搅拌至凝结。

凉拌酱

原材料 花生粒25克，虾米10克，葱花2克，辣椒末3克

调味料 蒜油7毫升，柠檬汁8毫升，鱼露6毫升

做法

1. 将虾米洗净，加水泡软后沥干。
2. 再与其他原材料和调味料混匀即可。

应用：适合用来凉拌果蔬。

保存：室温下可保存2天，冷藏可保存5天。

烹饪提示：花生粒切碎不仅能增加酱汁口感，且能增加香气。

红辣调味酱

原材料 红椒、葱、大蒜、姜各15克

调味料 盐、糖、蚝油、酱油、麻油、油各适量

做法

1. 将红椒洗净切开；将大蒜去皮洗净切片；将葱洗净切段。
2. 油锅烧热，入红椒、大蒜、姜炒香，调入盐、糖、蚝油、酱油拌匀。撒葱段，淋麻油即可。

应用：用于炒肉类食物。

保存：室温下可保存5天。

烹饪提示：葱最好选用葱白部分。

橙汁排骨酱

原材料 柳橙汁30毫升

调味料 盐5克，糖20克，柠檬汁20毫升

做法

1. 将上述原材料与调味料依次放碗里。
2. 将它们混合搅拌均匀即可。

盐

糖

应用：用于肉类、海鲜类菜肴。

保存：室温下可保存3天，冷藏可保存5天。

烹饪提示：做此酱时宜选用细砂糖，不仅溶解快，也可调和酱汁的酸味。

胡椒牛肉酱

原材料 牛肉原汁、奶油各适量

调味料 盐3克，胡椒粉15克，白酒、芥末酱各适量

做法

1. 锅烧热后，放入奶油煮至融化后，再放入白酒煮至沸。
2. 加入牛肉原汁，再放入其他调味料煮至浓稠即可。

应用：适用于各种肉类、鱼类菜肴。

保存：室温下可保存4天。

烹饪提示：放入白酒会使酱汁有一股淡淡的清香。

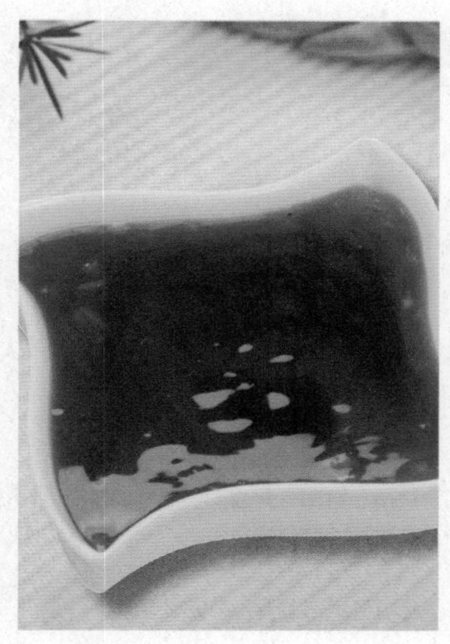

花椒麻辣酱

调味料 花椒4克，红油、辣椒酱、酱油膏各适量，糖6克

做法

1. 先将花椒研成粉末。
2. 再将其与调味料混合拌匀即可。

花椒

红油

应用： 用于凉拌菜或作为火锅汤底。

保存： 室温下可保存7天，冷藏可保存15天。

烹饪提示： 此酱可加入蚝油，能增加酱的香味，使口感更加润滑。

海鲜奶油酱

原材料 鲜奶油30克，奶油适量

调味料 白醋、天鹅绒鱼酱汁各适量

做法

1. 将奶油打发。
2. 锅置火上，入天鹅绒鱼酱汁烧开，加入奶油、鲜奶油、白醋，搅匀即可。

应用： 可用于海鲜、肉类菜肴。

保存： 冷藏可保存3天。

烹饪提示： 鲜奶油容易腐坏变质，一旦打开就必须冷藏并尽快用完。

波酒酱汁

原材料 葱5克

调味料 波酒40毫升，布朗烧汁25毫升，盐少许

做法

1. 将葱洗净，切葱花。
2. 将葱花和调味料混匀即可。

葱

盐

应用：可用来做烤猪排、烟熏肉等。

保存：冷藏可保存3天。

烹饪提示：盐的用量可根据自己的口味添加。

梅汁酱

原材料 渍梅8颗

调味料 梅子醋20毫升，梅汁100毫升

做法

1. 将渍梅去核取肉。
2. 再将梅肉和调味料一起放入果汁机中打碎即可。

应用：用来拌炒禽肉类食物。

保存：室温下可保存3天，冷藏可保存7天。

烹饪提示：做此酱时可以用红酒醋代替梅子醋，味道也一样的好。

红米蚝油酱

原材料 红米水20毫升

调味料 盐3克，糖6克，淀粉15克，酱油、蚝油各适量

做法

1. 锅置火上，放入红米水、盐、糖、蚝油、酱油混合，加水烧开。
2. 以淀粉勾芡即可。

应用：可用于肉类食物。

保存：室温下可保存7天，冷藏可保存15天。

烹饪提示：糖的量可以根据个人口味而定。

缅式咖喱酱

原材料 大蒜、红葱头各10克

调味料 辣椒粉10克，鱼露35毫升，黄咖喱粉20克，油15毫升

做法

1. 将红葱头、大蒜洗净，切成末。
2. 锅置火上，入油，爆香蒜末、红葱头末，放入剩余调味料煸炒至香即可。

应用：用于海鲜、蔬菜。

保存：室温下可保存7天。

烹饪提示：根据个人口味，鱼露也可用虾露代替。

番茄牛骨烧汁酱

原材料 牛骨汤适量，洋葱、胡萝卜、西芹各10克

调味料 盐少许，番茄膏20克，百里香5克，月桂叶4克，油适量

做法

1. 油锅加热，加入洋葱、胡萝卜、西芹略炒后倒入牛骨汤、番茄膏煮滚。
2. 再加入月桂叶、百里香、盐即可。

应用：适合用来搭配面食、蔬菜等。

保存：室温下可保存5天，冷藏可保存10天。

烹饪提示：牛骨汤可以用其他高汤来代替。

姜蒜豆豉酱

原材料 姜、蒜各15克

调味料 辣椒酱、米酒、味精、糖、鸡油、豆豉酱各适量

做法

1. 将姜洗净切丝；将蒜去皮洗净切末。
2. 鸡油烧热，放姜丝、蒜末炒香，调入米酒、辣椒酱、味精、糖、豆豉酱拌匀即可。

应用：用于鱼类、肉类菜肴。

保存：冷藏可保存3天。

烹饪提示：此酱中的鸡油可以用植物油来代替。

紫苏梅子酱

原材料 紫苏梅15克，葱、姜各适量

调味料 梅子酱20克，酒10毫升，盐3克，麻油5毫升

做法

1. 将葱洗净，切段；将姜洗净，切丝。
2. 锅内注水烧开，放入姜、紫苏梅、梅子酱同煮，调入盐、酒、麻油、葱段一起拌匀即可。

应用：可作为海鲜的蘸酱使用。

保存：冷藏可保存3天。

烹饪提示：将此酱料放置一天后再使用，香味更浓郁。

米酒蒸鱼酱

原材料 月桂叶3片，甘草粉3克

调味料 米酒30毫升，冰糖10克，酱油、鱼露各20毫升，鲜味露、蚝油各8毫升，鸡精5克

做法

1. 锅置火上，倒入鱼露和米酒，用小火慢煮。
2. 再放入蚝油、酱油拌匀，用小火烧开，再放入其余调味料和原材料拌匀即可。

应用：用于蒸鱼或者禽肉类食物。

烹饪提示：等酱冷却后，把月桂叶捞出，以利保存。

大蒜甜豆酱

原材料 大蒜20克

调味料 豆瓣酱60克，白糖15克

做法

1. 将大蒜去皮洗净，切末。
2. 将所有的原材料与调味料一起混合均匀即可。

应用：用于油炸类食物。

保存：室温下可保存7天，冷藏可保存15天。

烹饪提示：做此酱时，可加入番茄酱，味道独特。

甜辣蒜酱

原材料 姜、大蒜各15克

调味料 白糖、醋、酱油、酱油膏、米酒各适量

做法

1. 将姜洗净，切成末；将蒜去皮洗净，切末。
2. 将姜、蒜、酱油膏混匀，放入白糖、酱油、米酒、醋拌匀即可。

应用：可用于鱼类、禽肉类菜肴。

保存：室温下可保存2天。

烹饪提示：姜不要去皮，因为生姜皮性凉，生姜肉性温，一同食用可以使凉热平衡。

番茄橄榄酱

原材料 番茄糊30克，西芹、洋葱各10克，葱花4克，大蒜适量

调味料 橄榄油适量

做法

1. 将西芹、洋葱分别洗净,切碎备用。
2. 将橄榄油入锅，烧热，放入大蒜及洋葱、西芹、番茄糊慢炒，再加入葱花一起熬煮，熄火置冷后放入果汁机打成泥即可。

应用：搭配各种面条或肉类食物。

保存：室温下可以保存2天，冷藏可保存14天。

烹饪提示：可在酱汁中加点果糖，以增加甜香味。

豆瓣甜炒酱

原材料 大蒜、姜各15克

调味料 糖10克，麻油8毫升，糯米醋50毫升，辣豆瓣酱适量

做法

1. 将大蒜去皮洗净，切末；将姜洗净，切末。
2. 将糖、蒜末、姜末、麻油、糯米醋、辣豆瓣酱拌匀即可。

应用：可用于肉类菜肴。

保存：室温下可保存7天，冷藏可保存10天。

烹饪提示：最好不要用其他醋代替糯米醋，以免影响此酱的口感。

梅子甜辣酱

原材料 米粉、梅子粉各适量

调味料 糖6克，盐3克，酱油适量

做法

1. 将盐、糖、米粉、梅子粉、酱油、水调匀。
2. 再入锅烧开即可。

糖

酱油

应用：可作为排骨酱等。

保存：室温下可保存7天，冷藏可保存12天。

烹饪提示：梅子粉可用梅子汁代替。

香味番茄酱

原材料 大蒜5克，香菜、青椒、红椒各12克

调味料 糖、番茄酱各适量

做法

1. 将青椒、红椒均洗净，切圈；将香菜洗净，切末；将蒜去皮洗净，切末。
2. 将青椒、红椒、蒜、香菜混合，调入糖、番茄酱拌匀。

应用：可用于海鲜类食物。

保存：室温下可保存3天，冷藏可保存7天。

烹饪提示：可以用青甜椒、红甜椒代替青椒、红椒，口感又会不同。

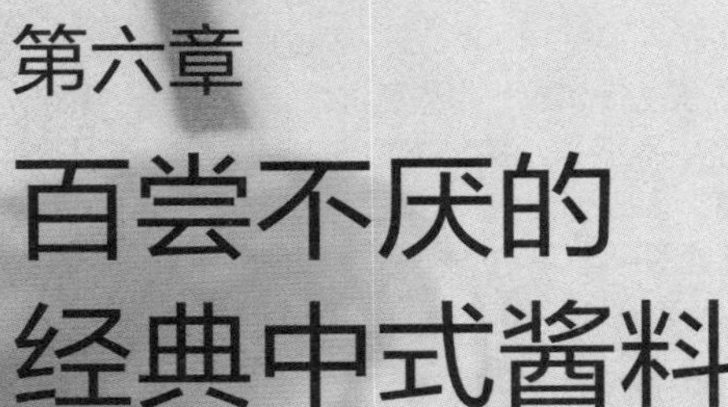

第六章 百尝不厌的经典中式酱料

中式酱料种类繁多，每一种都蕴含着特殊的色、香、味，是人们日常生活中不可缺少的调味品，也是传统的佐餐食品。

中式酱料中有很多经典的酱料，有着经受千万人味蕾考验的经典味道，如米酒酱、蚝油酱等。

豆瓣辣酱

原材料 猪绞肉、豆干丁、青豆各20克，大蒜适量

调味料 糖、油各适量，辣豆瓣酱20克

做法

1. 将大蒜去皮洗净切末；将青豆洗净。
2. 油锅烧热，入蒜末、猪绞肉炒熟，加辣豆瓣酱、豆干丁、糖、青豆、清水续焖5分钟即可。

应用： 用于炒饭、拌饭或拌面。

保存： 室温下可保存8天，冷冻可保存30天。

烹饪提示： 如担心青豆不易熟，可先将青豆焯水后再处理。

推荐菜例

泰皇炒饭

补肾壮阳，养血固精

原材料 米饭1碗，虾仁50克，蟹柳50克，菠萝1块，青椒1个，红椒1个，洋葱1个，鸡蛋1个

调味料 豆瓣辣酱、油各适量

做法

1. 将青椒、红椒去蒂洗净切粒；将洋葱洗净切粒；将菠萝去皮切丁。
2. 锅中入油烧热，放入鸡蛋炸成蛋花，再将青椒、红椒、洋葱、蟹柳、虾仁一起爆炒至熟。
3. 倒入米饭一起炒香，加入菠萝、豆瓣辣酱炒匀即可。

甜鸡肉腌酱

调味料 花生酱50克，生抽10毫升，糖15克，盐8克，味精5克

做法

1. 将上述调味料依次放碗里。
2. 将它们混合搅拌均匀即可。

应用： 用于肉类食物。
保存： 室温下可保存3天，冷藏可保存15天。
烹饪提示： 用老抽代替生抽做酱，效果也一样好。

推荐菜例

五香熏鸡

益气养血，补肾益精

原材料 香菜30克，五香卤鸡1只，湿茶叶50克

调味料 麻油20毫升，白糖25克，甜鸡肉腌酱适量

做法

1. 将香菜择洗干净、晾干水分，塞入已经备好的卤鸡鸡腹内，再用甜鸡肉腌酱涂抹鸡身。
2. 取熏锅，铺上湿茶叶，撒入白糖，再搁上熏架，放上卤鸡，盖上锅盖，用大火烧至冒浓烟，改用小火熏5分钟，再端离火口焖5分钟。
3. 取出熏鸡，刷上麻油，斩成块，装盘即成。

蒜蓉糖酱

原材料 大蒜30克

调味料 糖15克，酱油膏35克，麻油适量

做法

1. 将大蒜去皮洗净，切末。
2. 将蒜末与调味料混合，加入适量冷开水调匀即可。

应用： 用于肉类食物。

保存： 室温下可保存2天，冷藏可保存10天。

烹饪提示： 酱做好后最好放入干净无水分的玻璃瓶中保存。

推荐菜例

红烧狮子头

滋阴润燥，补血养颜

原材料 五花肉1000克，香菇8朵，菜心2棵

调味料 蚝油50毫升，味精3克，盐3克，水淀粉、油各适量，蒜蓉糖酱适量

做法

1. 将五花肉剁成碎末，捏成团。
2. 将肉团上笼蒸1小时后下入油锅炸好，盛出装盘。
3. 将香菇、菜心加盐、油焯烫，捞出摆盘；将调味料入锅中勾芡，淋汁于肉团上即可。

五花肉

香菇

蚝油

蚝油酱

原材料 大蒜15克

调味料 糖20克，蚝油50毫升，米酒30毫升，红曲、五香粉各适量

做法

1. 将大蒜洗净，切末。
2. 将蒜末、蚝油、糖、米酒、红曲、五香粉充分拌匀即可。

应用：适用于肉类菜。

保存：室温下可保存2天，冷藏可保存8天，冷冻可保存30天。

烹饪提示：此酱存放时会慢慢沉淀，所以使用时先搅匀。

推荐菜例

东坡肘子

补虚填精，改善睡眠

原材料 猪肘子500克，香菇30克，青豆10克，姜末10克，胡萝卜20克

调味料 盐5克，白糖5克，八角、桂皮、茴香各少许，蚝油酱、油各适量

做法

1. 将猪肘子去毛刮净，入高温油中炸至表皮金黄色后，捞出；将香菇泡发；将青豆洗净；将胡萝卜洗净切丁。
2. 将八角、桂皮、茴香、白糖、盐、姜末等加水制成卤水，下入肘子卤至骨酥时，捞出，剁成大块。
3. 将剁好的猪肘子盛入碗内，淋上蚝油酱，碗底放香菇、青豆和胡萝卜，上锅蒸半小时，取出扣入盘中即可。

豆豉辣酱

原材料 葱花、香菜末、蒜末、辣椒碎各适量

调味料 豆豉、辣豆瓣酱、油各适量，酱油20毫升，麻油、白醋各15毫升

做法

1. 将原材料洗净。油锅烧热，入豆豉、葱、辣椒及蒜末炒香，调入酱油、白醋、辣豆瓣酱煮开。
2. 淋入麻油，撒上香菜末即可。

应用：用于面食、饭或蔬菜类。
保存：室温下可保存3天，冷藏可保存10天，冷冻可保存30天。
烹饪提示：豆豉一定要泡软，煮后豆香味才会浓郁。

推荐菜例

红烧牛肉面

补中益气，滋养脾胃

原材料 碱水面200克，牛肉200克，五花肉100克，鲜汤、蒜、香菜各适量

调味料 红油10毫升，味精2克，酱油5毫升，盐3克，香料、豆豉辣酱、油各适量

做法

1. 将牛肉洗净切块；将香菜洗净切段；将蒜去皮切片。
2. 水烧开，入牛肉汆烫；另取锅将油烧热，爆炒香料、蒜片，入牛肉炒香，调入鲜汤、红油、味精、酱油、盐和豆豉辣酱，入面条煮熟。
3. 将面条捞出盛入碗中，调入烧好的牛肉的原汤，撒上香菜即可。

酱油辣蘸酱

原材料 香菜5克

调味料 酱油膏15克，辣椒酱适量

做法

1. 将香菜洗净，切碎。
2. 将香菜、辣椒酱、酱油膏混合搅拌均匀即可。

应用：用于油炸类食物。

保存：室温下可保存3天，冷藏可保存25天。

烹饪提示：可以在此酱中加些蒜蓉，味道也相当不错。

推荐菜例

姜汁京葱卷

滋阴润燥，补血养颜

原材料 腌渍好的五花肉100克，葱5棵，姜1块，白芝麻适量

调味料 酱油辣蘸酱、油各适量

做法

1. 将葱清洗干净以后切成段；将姜洗净后切成姜末。
2. 将已腌渍好的五花肉切成薄厚均匀的肉片。
3. 用五花肉片卷起葱段、姜末；锅上火，入油烧热，放入五花肉葱段卷炸至金黄色熟，捞出沥油，撒上芝麻，配以酱油辣蘸酱食用即可。

红烧排骨酱

调味料 黄豆酱20克，淀粉少许，盐2克，蚝油15毫升，老抽、油各适量

做法

1. 锅烧热，入油烧热。
2. 将调味料混合拌匀，淋入熟油即可。

盐

蚝油

应用： 适合红烧各种肉类。
保存： 室温下可保存7天，冷藏可保存15天。
烹饪提示： 此酱汁香味浓郁，实乃红烧排骨的最佳酱汁。

推荐菜例

红烧排骨

滋阴壮阳，益精补血

原材料 排骨800克，洋葱200克

调味料 盐4克，酱油、料酒、糖、红烧排骨酱、油各适量

做法

1. 将排骨清洗干净，剁成块；将洋葱清洗干净，切成丝，入油锅，加盐炒熟后，捞出盛入盘中。
2. 油锅烧热，入排骨翻炒，等肉变色后，加酱油、料酒、糖、适量清水烧至水干，加盐调味，起锅倒在洋葱上，最后淋上红烧排骨酱即可。

腐乳辣蒜酱

原材料 红椒、大蒜、豆腐乳各20克
调味料 果糖、酱油、红油、油各适量

做法

1. 将红椒洗净，切成片；将大蒜去皮洗净，切末；将豆腐乳加水搅匀。
2. 油锅烧热，入红椒、蒜末炒香，入豆腐乳、果糖、酱油、红油拌匀即可。

应用：可用于海鲜类、肉类食物。
保存：室温下可保存5天，冷藏可保存12天。
烹饪提示：此酱中可加姜末来提味。

推荐菜例

香辣盆盆虾

补肾壮阳，养血固精

原材料 虾300克，蒜5克
调味料 盐3克，醋、红油、油各适量，腐乳辣蒜酱25克

做法

1. 将虾洗净；将蒜去皮洗净，切末。
2. 锅下油烧热，下蒜爆香，放入虾，将虾炸至表皮呈金黄色时，调入盐、醋炒匀，加入适量的清水，倒入红油，将虾煮熟出锅，蘸着腐乳辣蒜酱食用即可。

虾　醋

腐乳酱

原材料 豆腐乳50克

调味料 酱油、米酒各8毫升，麻油5毫升，糖10克

做法

1. 将上述原材料与调味料依次放碗里。
2. 将它们混合搅拌均匀即可。

应用：用于肉类菜肴。

保存：室温下可保存3天，冷藏可保存15天。

烹饪提示：用料酒代替米酒，做出来的酱会别有一番风味。

推荐菜例

花雕鸡

益气养血，补肾益精

原材料 仔鸡600克，粉丝100克

调味料 花雕酒20毫升，盐3克，老抽、醋各5毫升，腐乳酱、油各适量

做法

1. 将仔鸡洗净，入沸水锅中汆水；将粉丝入沸水锅中稍煮，捞出，装盘。
2. 炒锅注油烧热，放入仔鸡，加适量清水、花雕酒、盐、老抽、醋炖煮至熟，起锅斩块倒在粉丝上，再淋上腐乳酱即可。

仔鸡

醋

蒜味甜酱

原材料 大蒜20克

调味料 酱油20毫升，冰糖20克，酱油膏15克，糖10克，米酒50毫升

做法

1. 将大蒜去皮洗净，切末。
2. 将蒜末与调味料混合，置火上煮开即可。

应用：用于烧烤肉类食物。

保存：室温下可保存2天，冷藏可保存25天。

烹饪提示：冰糖要煮至溶化才行。

推荐菜例

腐竹拌牛蹄筋

补中益气，滋养脾胃

原材料 熟牛蹄筋300克，腐竹150克，姜末、蒜泥各适量

调味料 盐、醋、酱油、麻油、味精各适量，蒜味甜酱适量

做法

1. 将牛蹄筋切成2厘米长的段。
2. 将腐竹用水泡软洗净，煮熟，切成段，挤去水分备用。
3. 将牛蹄筋和腐竹放在盘内，加入蒜泥、盐、醋、酱油、麻油、姜末、味精、蒜味甜酱，调拌均匀即可。

豆瓣红椒酱

原材料 大蒜15克

调味料 豆瓣酱30克，泡红椒20克，白糖8克，盐5克，鸡精3克，油适量

做法

1. 将大蒜去皮洗净，切成末；将泡红椒切碎。
2. 油锅烧热，入蒜末、豆瓣酱、泡红椒炒香，加清水烧开，调入盐、白糖、鸡精拌匀。

应用：用于肉类、鱼类菜肴。

保存：室温下可保存3天，冷藏可保存15天。

烹饪提示：将豆瓣酱和蒜末先爆香，有利于提升酱料的香气。

推荐菜例

剁椒鱼头

增强记忆力，延缓衰老

原材料 鳙鱼头400克，剁椒100克，姜、葱花各适量

调味料 盐、鸡精各3克，红油500毫升，料酒、酱油、醋、豆瓣红椒酱、油各适量

做法

1. 将鳙鱼头洗净，调入料酒、盐、鸡精、酱油、醋腌渍10分钟，上锅蒸熟；将姜洗净切片。
2. 热锅下油，下入剁椒、姜片、盐、红油炒香，均匀地淋在鱼头上，再淋入豆瓣红椒酱，撒上葱花即可。

干椒麻辣酱

原材料 干红椒适量

调味料 盐、味精各3克，白醋30毫升，花椒粒、油各适量

做法

1. 将干红椒洗净。
2. 油锅烧热，放入干红椒、花椒粒炒香，调入盐、味精、白醋，加入适量清水烧开即可。

应用：可用于肉类菜肴。

保存：室温下可保存2天，冷藏可保存16天。

烹饪提示：加热时要不停地搅动。

推荐菜例

重庆水煮鱼

滋补健胃，利水消肿

原材料 鱼1条，白菜适量，干辣椒20克，葱适量

调味料 盐4克，味精1克，酱油、醋各8毫升，花椒、干椒麻辣酱各适量

做法

1. 将鱼洗净，切成片；将干辣椒洗净，切成段；将葱洗净，切成葱花；将白菜洗净，切成片。
2. 锅中注水，入鱼片，用大火煮沸，再放入干辣椒、白菜、花椒一起焖煮。
3. 再倒入干椒麻辣酱、酱油、醋煮至熟后，加入盐、味精调味，起锅装盘，撒上葱花即可。

麻辣花椒酱

调味料 花椒粒15克，麻油、红油、白醋、油各适量，糖、盐各3克

做法

1. 油锅烧热，入花椒粒炒香。
2. 调入糖、盐、红油、白醋混匀，淋入麻油即可。

应用：可作为火锅的汤底。
保存：室温下可保存3天，冷藏可保存20天。
烹饪提示：花椒粒可用花椒粉代替，味道同样好。

推荐菜例

干锅肥肠

润肠治燥，调血排毒

原材料 肥肠400克，干辣椒、葱、大蒜、高汤各适量，青椒、红椒各10克
调味料 盐、鸡精各3克，麻油、红油、麻辣花椒酱、油各适量

做法

1. 将肥肠清洗干净切成圈，过油备用；将青椒、红椒去蒂，洗净切片；将蒜去皮；将葱洗净切成段；将干辣椒洗净切段。
2. 热锅下油，放入干辣椒、蒜炒香，放入肥肠炒至八成熟，下入青椒、红椒炒熟，调入盐、鸡精、高汤、麻油、红油、麻辣花椒酱，加入葱，炒匀入味即可出锅。

蒜味剁椒鱼酱

原材料 剁椒25克，姜、大蒜各适量

调味料 白醋50毫升

做法

1. 将姜洗净，切成末；将大蒜去皮洗净，切成末。
2. 将原材料与调味料混合拌匀即可。

应用：适用于各种海鲜、鱼类。

保存：室温下可保存2天，冷藏可保存15天。

烹饪提示：白醋也可用黑醋代替。

推荐菜例

剁椒蒸鱼尾

开胃消食，美容养颜

原材料 草鱼鱼尾300克，红椒粒、葱花、面粉各少许

调味料 料酒、盐、油各适量，蒜味剁椒鱼酱适量

做法

1. 将鱼尾洗净，用盐、料酒腌入味；将蒜味剁椒鱼酱和面粉调匀成味料，把味料涂抹在鱼尾上，在盘中摆好，入笼蒸8分钟取出。
2. 锅中加油烧热，将红椒粒、葱花炒香，起锅，淋在盘中鱼尾上，出菜前配上盘饰既成。

番茄辣酱

原材料 番茄25克，红葱酥、红蒜酥各20克，红椒12克，柠檬叶5克，椰奶15毫升

调味料 盐5克，虾酱10克

做法

1. 将番茄洗净，切粒；将红椒洗净，切碎；将柠檬叶洗净。
2. 将所有原材料和调味料混合，加适量凉开水，入果汁机中搅匀即可。

应用： 用于肉类食物。

保存： 室温下可保存12小时，冷藏可保存3天。

烹饪提示： 用芝麻酱代替虾酱，味道也相当好。

推荐菜例

一品水煮肉

滋阴润燥，补血养颜

原材料 猪肉300克，干辣椒30克，鲜汤、葱各适量

调味料 盐4克，花椒、鸡精各3克，水淀粉、红油、酱油、番茄辣酱、油各适量

做法

1. 将猪肉洗净，切成片，加盐和水淀粉拌匀待用；将干辣椒洗净，切成段；将葱洗净，切葱花。
2. 热锅下油，下入干辣椒和花椒，炸至香；加入鲜汤、番茄辣酱、鸡精、红油烧沸。
3. 再放肉片煮至熟，撒上盐、葱花。

猪肉红椒酱

原材料 猪肉20克，葱、红椒各15克

调味料 葱油、酱油、油各适量

做法

1. 将猪肉洗净，切末；将葱洗净，切葱花；将红椒洗净，切圈。
2. 油锅烧热，放猪肉末、红椒圈炒香。
3. 将猪肉末、红椒圈、葱油、酱油同拌，撒上葱花拌匀即可。

应用：可用于蔬菜沙拉。

保存：室温下可保存2天，冷藏可保存15天。

烹饪提示：葱油可刺激消化液的分泌，增进食欲。

推荐菜例

千层包菜

强筋补骨，防癌抗癌

原材料 包菜500克，甜椒30克，熟芝麻适量

调味料 盐3克，味精2克，酱油、麻油各适量，猪肉红椒酱适量

做法

1. 将包菜、甜椒洗净，切块，放入开水中稍烫，捞出，沥干水分备用。
2. 用盐、味精、酱油、麻油、猪肉红椒酱调成味汁，将每一片包菜泡在味汁中腌制入味然后取出。
3. 将包菜一层一层叠好放盘中，将甜椒放在包菜上，最后撒上熟芝麻即可。

第七章

最受欢迎的异国风味酱料

日韩酱料风味独特，味道主要偏甜和辣，其甜得浓郁、辣得醇香，后劲十足。

东南亚酱料的口味侧重于酸、甜、辣，味道浓郁，香气诱人，突显出独特的东南亚风味。

而西式料理，无论是沙拉、主菜或甜品，都会配以风味独特的酱汁，各有特色，极具风味。

鱼露椒麻酱

原材料 红椒适量

调味料 白醋、酱油各10毫升，鱼露、花椒粉、油各适量

做法

1. 将红椒洗净，切成末；锅烧热，放入油，加红椒末炒香。
2. 倒入冷开水烧开，加入白醋、酱油、鱼露、花椒粉拌匀即可。

应用：可用于炸鸡腿、鸡肉。

保存：室温下可保存2天，冷藏可保存16天。

烹饪提示：将花椒粉先烤过再制作酱料，会更香。

推荐菜例

砂锅豉油鸡

补肾益精，养心安神

原材料 鸡1只

调味料 豉油500毫升，盐20克，味精20克，鸡精15克，鱼露椒麻酱适量

做法

1. 将鸡去毛、内脏，洗净，用豉油外的调味料腌渍3小时。
2. 锅上火，水烧开后放入腌过的鸡汆烫，捞出沥干水分。
3. 砂锅上火，倒入豉油，放入鸡，一起煮2小时至熟入味即可。

鸡

盐

芥末橄榄沙拉酱

调味料 橄榄油50毫升，芥末20克，红酒醋10毫升，盐、胡椒粉各少许

做法

1. 将芥末与红酒醋混合后再慢慢地加入橄榄油。
2. 最后再加盐、胡椒粉即可。

应用：适合用来做生菜沙拉，亦可搭配面包等。

保存：室温下可保存2天，冷藏可保存15天。

烹饪提示：红酒醋比白酒醋更适合搭配黄芥末食用。

推荐菜例

金枪鱼莴笋沙拉

美容减肥，保护肝脏

原材料 莴笋、黄瓜、水煮蛋、金枪鱼、胡萝卜、芦荟、麦冬各适量

调味料 盐、胡椒粉、蛋黄酱、芥末橄榄沙拉酱各适量

做法

1. 将全部原材料洗净；将莴笋、黄瓜、水煮蛋切成细末放入盆中备用；将胡萝卜去皮，切小块。
2. 将麦冬与500毫升清水置于锅中，以小火煮沸，放入去皮、去骨的金枪鱼和胡萝卜煮熟，捞出。
3. 与备用的原材料混合，加入芦荟及调味料拌匀即可食用。

海鲜烧烤酱

原材料 姜15克，玉米粉10克

调味料 淡酱油、韩国辣酱、胡椒粉、糖、麻油、鸡精各适量

做法

1. 将姜洗净，剁成泥。
2. 将所有的原材料和调味料一起混合均匀即可。

应用：用于各种蔬菜、海鲜食物。

保存：室温下可保存3天，冷藏可保存15天。

烹饪提示：淡酱油主要是指味道很淡的酱油。

推荐菜例

烤鱿鱼

滋阴养胃，补虚润肤

原材料 鱿鱼2条，红椒丝、葱花、蒜末、青椒丝各适量

调味料 黑胡椒、酱油、红辣椒酱、糖、盐、麻油各适量，海鲜烧烤酱适量

做法

1. 将鱿鱼纵向切半，洗净。
2. 将鱿鱼放平，用盐擦拭，去其表面黏液。
3. 将鱿鱼洗净沥干，在其里层刻痕，然后切成块。
4. 将鱿鱼放在沸水中汆好后，沥干。
5. 在鱿鱼块上刷上海鲜烧烤酱，放在烤架上以中火烤熟，与其他原材料和调味料一起拌匀即可。

虾味泡菜酱

原材料 大蒜15克，姜、糯米糊各适量

调味料 虾酱35克，糖15克，盐、鱼露、辣椒粉各适量

做法

1. 将大蒜和姜清洗干净切丁。
2. 将所有原材料和调味料放入果汁机中搅打均匀。

应用：用于腌渍蔬菜。

保存：室温下可保存3天，冷藏可保存14天。

烹饪提示：本道酱的口感稍咸，风味独特。

推荐菜例

泡萝卜菜

清热生津，开胃健脾

原材料 白萝卜叶3捆，葱、大蒜、姜、青辣椒、红辣椒各适量，洋葱半个，糯米粉少许

调味料 粗盐1杯，虾味泡菜酱适量

做法

1. 将白萝卜叶切段，入虾味泡菜酱浸制；将大蒜、姜洗净，葱切段，大蒜和生姜剁碎；将洋葱切丝；将青辣椒、红辣椒去梗及籽，切菱形。
2. 将备好的材料放入白萝卜叶中拌匀；将糯米粉放水中煮成糊，撒粗盐；将白萝卜叶放进陶罐中，倒入糯米糊，覆盖其上，食用时将泡菜和泡菜水一起装盘。

黄瓜味噌腌酱

调味料 味噌100克，酒50毫升，糖15克，酱油8毫升，味啉5毫升

做法

1. 将上述调味料依次放碗里。
2. 将它们混合搅拌均匀即可。

应用： 用于瓜果类蔬菜，比如黄瓜。
保存： 室温下可以保存5小时，冷藏可以保存2天。
烹饪提示： 制作时加入味啉可增加食物的光泽。

推荐菜例

酱黄瓜

生津止渴，健脑安神

原材料 嫩黄瓜10根，蒜末5克，芝麻5克，葱花、红辣椒丝各少许
调味料 粗盐20克，酱油15毫升，糖15克，麻油8毫升，黄瓜味噌腌酱适量

做法

1. 在黄瓜上撒盐，用酱料腌渍入味。
2. 待黄瓜腌渍好后，切块，并用水冲洗去其咸味。
3. 将酱油和糖入锅煮沸，冷却。
4. 将步骤3中的酱糖汁淋在黄瓜上，再浸渍一夜。
5. 将步骤4中的汁倒出，将其余调味料和原材料拌在黄瓜上即可。

橄榄酱

调味料 橄榄油30毫升，白酒醋10毫升，法式芥末酱5克，盐3克，白胡椒粉10克，鸡精适量

做法

1. 先将除橄榄油外的调味料拌匀。
2. 再加入橄榄油搅匀即可。

应用：用于蔬菜、水果、海鲜。
保存：室温下可保存10天，冷藏可保存20天。
烹饪提示：此酱放置久了会出现油醋分离的情况，食用时需要加以搅拌。

推荐菜例

奶油鲑鱼排

补虚健脾，暖胃和中

原材料 鲑鱼70克，奶油10克，洋葱30克，低脂鲜奶50毫升，高汤25毫升
调味料 盐3克，胡椒粉、油、橄榄酱各适量

做法

1. 将鲑鱼、洋葱洗净。
2. 热锅，加入奶油，将鲑鱼放入油锅煎至八分熟，即可起锅，备用。
3. 用余油略拌炒洋葱，加入鲜奶、高汤，开小火煮至洋葱变软并呈浓稠状，入鲑鱼、盐以小火续煮3分钟。
4. 将煮好的鲑鱼盛盘后，淋上橄榄酱，再撒上少量胡椒粉即可。

泡菜炒酱

原材料 辣泡菜80克

调味料 辣酱油40毫升，麻油25毫升，辣酱10克，味噌20克，糖少许

做法

1. 将辣泡菜切成丝。
2. 将辣泡菜丝和所有的调味料一起搅匀即可。

应用： 用于炒面或者炒肉。

保存： 室温下可保存2天，冷藏可保存15天。

烹饪提示： 泡菜丝应选用较细的，较易拌炒。

推荐菜例

泡菜炒肉

滋阴润燥，补血养颜

原材料 猪肉（带有肥肉和猪皮）300克，泡菜、青辣椒丝、红辣椒丝、洋葱丝、芝麻各适量

调味料 红辣椒酱5克，糖、泡菜炒酱、油各适量

做法

1. 将猪肉切片；将泡菜炒酱、油以外的调味料拌在一起，制成香辣酱。
2. 在肉片中加入适量香辣酱，拌匀，使之入味。
3. 将泡菜里的香料去除，挤干水分后，切成小片。
4. 将猪肉先翻炒一下，再加入泡菜、辣椒丝、洋葱丝和泡菜炒酱爆炒至熟。

泡菜牛肉汤头酱

原材料 牛腩、大蒜、牛骨各适量

调味料 牛肉粉、辣泡菜酱、辣酱、酱油、麻油各适量

做法

1. 将牛腩洗净切成块；将大蒜洗净，切片；将牛骨氽烫后，熬煮30分钟。
2. 锅烧热，入麻油，以小火炒香牛腩后加牛骨，捞除浮沫后加蒜片、牛肉粉、辣泡菜酱、辣酱、酱油，再次煮沸。

应用：用于肉类、海鲜等。

保存：室温下可保存3天，冷藏可保存15天。

烹饪提示：牛肉粉也可用鸡精代替。

推荐菜例

辣味牛肉汤

滋养脾胃，强健筋骨

原材料 泡软的蕨菜段100克，泡软的芋头丝100克，去尾绿豆芽200克，葱100克，牛肉250克

调味料 盐5克，泡菜牛肉汤头酱适量

做法

1. 将牛肉清洗干净氽水，撕成丝，放入盐搅拌；锅里倒入水煮开，加蕨菜段、绿豆芽、芋头丝焯烫。
2. 将蕨菜、芋头、绿豆芽、葱放大碗里，加入泡菜牛肉汤头酱搅拌均匀。
3. 锅里倒入步骤2的肉汤，再将牛肉丝放入，以大火煮至沸腾，转中火续煮40分钟左右，充分入味后，用盐调味后稍煮即成。

柠檬黄油酱

原材料 奶油35克，蒜末20克

调味料 柠檬汁20毫升，盐6克，糖4克，白酒15毫升，黄油60克

做法

1. 将上述原材料与调味料依次放碗里。
2. 将它们混合搅拌均匀即可。

柠檬汁

盐

应用： 适合在烹调鱼肉时用。
保存： 室温下可保存3天，冷藏可保存15天。
烹饪提示： 柠檬汁能使酱汁清香。

推荐菜例

龙利鱼拌芦笋

滋补健胃，增强记忆力

原材料 龙利鱼500克，芦笋100克，面粉50克，洋葱1个

调味料 白酒8毫升，鸡精3克，盐3克，柠檬汁少许，柠檬黄油酱、油各适量

做法

1. 将洋葱洗净切丝；将芦笋切成段；将龙利鱼解冻好，用白酒、柠檬汁、盐、鸡精腌渍。
2. 将腌好的龙利鱼均匀铺上面粉，放入油中煎至金黄色，取出装盘。
3. 锅中入油烧热，放入芦笋段、洋葱炒香，配以柠檬黄油酱，即可食用。

姜汁香芹酱

原材料 高汤50毫升，香芹15克

调味料 酱油8毫升，味精2克，姜汁15毫升

做法

1. 将香芹洗净，切成段。
2. 将所有的原材料和调味料一起混合搅匀即可。

香芹

酱油

应用：适用于油炸料理。
保存：冷藏可保存2天。
烹饪提示：加入姜汁可去油腻感。

推荐菜例

三色炸虾

益气壮阳，通络止痛

原材料 鲜虾、鸡蛋、面粉、芝麻、花生末、柠檬、西芹、高汤各适量

调味料 酱油、料酒、盐、黑胡椒、油各适量，姜汁香芹酱适量

做法

1. 将鲜虾洗净，在虾上撒盐和黑胡椒；将虾仁部分蘸上面粉（虾尾不必蘸面粉）；在打匀的鸡蛋中加入面粉，制成糊状；将虾在糊中蘸一下，再蘸上芝麻、花生末，放油锅中炸熟。
2. 将酱油、料酒、高汤和姜汁香芹酱入锅加热，去除其表面的泡沫作为蘸汁；将虾朝同一方向摆放，饰以西芹和柠檬。

芥末汤酱

原材料 蔬菜高汤20毫升

调味料 胡椒15克，糖10克，芥末15克

做法

1. 将胡椒研成末。
2. 锅烧热，放入所有的调味料和原材料，用大火煮至浓稠即可。

胡椒

糖

应用：适用于肉类、海鲜类食物。

保存：冷藏可保存4天。

烹饪提示：加入芥末籽酱会使酱汁味道更香。

推荐菜例

肉眼伴银鳕鱼

补中益气，滋养脾胃

原材料 银鳕鱼200克，美国肉眼扒400克，蘑菇4个，土豆1个，青椒1个，洋葱丝20克

调味料 蒜蓉汁、油、芥末汤酱各适量

做法

1. 将蘑菇洗净去蒂，在表面刻花纹；将土豆洗净切片；将青椒切丝。
2. 锅中入油烧热，放入肉眼煎至七成熟；将银鳕鱼煎至金黄色盛出装盘。
3. 锅中放入洋葱、土豆、蘑菇、青椒炒熟，调入芥末汤酱和蒜蓉汁，装入盘中即可。

芥末高汤酱

原材料 鸭高汤30毫升，奶油25克

调味料 芥末20克

做法

1. 将上述原材料与调味料依次放碗里。
2. 将它们混合搅拌均匀即可。

奶油

芥末

应用：主要适用于各种肉品。

保存：冷藏可保存5天。

烹饪提示：高汤可根据口味调整，也可加入大骨高汤。

推荐菜例

夏威夷火腿扒

祛斑美容，延缓衰老

原材料 火腿1块，菠萝1片

调味料 番茄汁30毫升，橙汁10毫升，油、芥末高汤酱各适量

做法

1. 将火腿切成方块备用。
2. 锅中放油，烧热以后将火腿煎至两面变黄。
3. 将火腿扒摆入盘中，淋入番茄汁、橙汁和芥末高汤酱，放入菠萝片即可。

菠萝

番茄汁

南洋亚参酱

原材料 亚参子50克，辣椒10克，干葱6克

调味料 辣椒粉15克

做法

1. 将辣椒洗净，切末；亚参子洗净，放入果汁机中打成泥；干葱切末。
2. 将所有原材料和辣椒粉混匀即可。

应用： 多用来做肉类菜式。
保存： 室温下可保存2天，冷藏可保存10天。
烹饪提示： 亚参是一种热带水果，也叫罗望子果、酸角果，营养价值高。

推荐菜例

泰式炭烧猪颈肉

滋阴润燥，补血养颜

原材料 猪颈肉300克，香菜20克，干葱头2个

调味料 甜鸡酱10克，泰国辣酱5克，糖3克，南洋亚参酱适量

做法

1. 将猪颈肉清洗干净；将干葱头和香菜洗净后切成碎末。
2. 将猪颈肉加入干葱头、香菜、调味料腌渍8小时。
3. 将猪颈肉放入炭炉中烤20分钟，切片盛盘装饰即可。

海带柴鱼酱

原材料 海带高汤40毫升，柴鱼片适量

调味料 酱油10毫升，味啉30毫升，鸡精适量

做法

1. 将酱油、味啉、鸡精、海带高汤放入锅中。
2. 用大火煮沸，入柴鱼片后过滤即可。

应用：用于肉类、根茎蔬菜类。

保存：室温下可保存2天，冷藏可保存10天。

烹饪提示：若没有海带高汤，可以用鱼高汤代替，味道一样鲜美。

推荐菜例

牛柳拌法国鹅肝

补中益气，滋养脾胃

原材料 牛柳200克，鹅肝100克，洋葱1个，蘑菇3个，红辣椒1个

调味料 盐4克，胡椒2克，红酒适量，牛油20克，海带柴鱼酱适量

做法

1. 将洋葱洗净切末；将牛柳用盐、胡椒、红酒稍腌；将红辣椒切丝；将蘑菇洗净。
2. 锅中倒入牛油烧热，放入洋葱、蘑菇、红辣椒炒熟，调入盐、胡椒、海带柴鱼酱炒匀盛出装盘。
3. 将牛柳放在扒炉上煎至所需熟度，鹅肝煎至全熟装盘，即可食用。

椰浆咖喱酱

原材料 椰浆40毫升，咖喱酱20克

调味料 糖8克，鱼露8毫升

做法

1. 将上述原材料与调味料依次放碗里。
2. 将它们混合搅拌均匀即可。

应用：用于肉类菜。

保存：室温下可保存5天，冷藏可保存10天。

烹饪提示：用此酱做菜时最好采用煮的方式，这样做出的菜味道更好。

推荐菜例

椰酱排骨

滋阴壮阳，益精补血

原材料 排骨75克

调味料 椰浆咖喱酱适量，糖10克，盐3克

做法

1. 将排骨用清水洗干净，切成大小合适的块状。
2. 将排骨段加椰浆咖喱酱、糖和盐，搅拌入味，然后放进电锅内锅（外锅水加到1刻度），蒸熟即可。

排骨

糖

缅式辣炒酱

原材料 洋葱、辣椒、大蒜各15克

调味料 油适量

做法

1. 将洋葱、辣椒、大蒜洗净，均切末。
2. 锅置火上，放入油，下入所有原材料煸炒出香味即可。

应用：用于肉类、海鲜、蔬菜。

保存：室温下可保存1天，冷藏可保存20天。

烹饪提示：喜欢辣味的话，辣椒可以选用朝天椒。

推荐菜例

印尼炒饭

补中益气，健脾养胃

原材料 火腿、叉烧、胡萝卜、粟米、青豆、虾仁、米饭、鸡蛋各适量

调味料 咖喱粉、盐、味精、鸡精、缅式辣炒酱、油各适量

做法

1. 将火腿、叉烧、胡萝卜、虾仁切粒，加粟米、青豆过水过油至熟；将鸡蛋壳打开，加少许盐，微调入味，保持蛋清、蛋黄分开。
2. 下油到锅中，将熟米饭倒入锅中，加火腿粒、叉烧粒、胡萝卜粒、粟米粒、青豆粒、虾仁粒及各调味料炒1分钟即可起锅。
3. 将鸡蛋煎半熟，放于炒饭上即可。

马来西亚咖喱酱

原材料 洋葱10克，辣椒末8克，南姜6克，干葱末5克，香茅适量

调味料 黄姜粉、大茴粉、油、砂仁、桂皮各适量

做法

1. 将洋葱、南姜洗净，入搅拌机打成泥。
2. 油锅烧热，先炒洋葱泥、辣椒末、干葱末，再加入剩余原材料和调味料炒香即可。

应用：用于牛肉、鸡肉或做咖喱饭。

保存：室温下可以保存1天，冷藏可以保存7天。

烹饪提示：辣椒末可以用干辣椒粉来代替。

推荐菜例

咖喱牛肉烧淋饭

滋养脾胃，强健筋骨

原材料 牛肉70克，胡萝卜25克，洋葱10克，米饭145克，青豆5克，咖喱1小块

调味料 马来西亚咖喱酱、油各适量

做法

1. 将牛肉、胡萝卜、洋葱洗净后分别切块；青豆洗净。
2. 将油放入锅中，开中火，待油热后将洋葱放入，待洋葱炒香后再将胡萝卜、牛肉放入锅中略微拌炒，最后放入350毫升水，盖上锅盖。
3. 待食材煮软后，放入咖喱块、马来西亚咖喱酱，即可转小火，再将青豆加入煮至熟，淋在米饭上即可食用。

红葱酱

原材料 红葱头60克，姜适量

调味料 花椒、八角、草果、酱油、糖各适量

做法

1. 将原材料洗干净分别切丁；将花椒、姜、红葱头炒香；将八角、草果用布包好。
2. 将备好的材料加酱油、糖及适量的水烧开，取出香料包即可。

应用：用于肉类食品。

保存：室温下可保存3天，冷藏可保存30天。

烹饪提示：香料包不适宜长时间重复加热。

推荐菜例

法国鹅肝伴什菌

保护视力，增强免疫力

原材料 鹅肝200克，香菇50克，蘑菇50克，鲜菇50克，红甜椒1个，茄子1个，芦笋适量

调味料 盐3克，鸡精1克，红葱酱、色拉油各适量

做法

1. 将鹅肝切成片；将香菇、蘑菇、鲜菇洗净去蒂；将红甜椒去蒂和籽切块；将茄子去蒂切片；将芦笋切段。
2. 锅中入油烧热，放入所有菌类和芦笋炒香，调入盐、鸡精、红葱酱炒匀，装盘。
3. 将鹅肝、红甜椒、茄子放入锅中煎熟，铺在什菌上即可。

三巴酱

原材料 茄膏30克，洋葱、红辣椒各15克，虾干粉12克，干葱10克

调味料 盐6克，糖4克，油适量

做法

1. 将洋葱、红辣椒切丝，入油锅炒香。
2. 随后加入其余原材料和调味料以小火煮几分钟，熄火即可。

应用： 适合用来炒面或搭配蔬菜。
保存： 室温下可保存2天，冷藏可保存10天。
烹饪提示： 红辣椒用辣椒粉代替可使酱汁辣味更足，根据个人口味而定。

推荐菜例

泰式炒河粉

增进食欲，祛斑美容

原材料 河粉、碎猪肉、红椒、番茄、葱、洋葱、罗勒、豆芽各适量

调味料 胡椒粉、老抽各少许，鱼露5毫升，糖2克，生抽适量，三巴酱适量

做法

1. 将红椒洗净斜切圈；将洋葱洗净切成丝；将葱切成段；将番茄切角；将豆芽洗净；将罗勒洗净。
2. 热锅炒香碎肉，盛起。
3. 热锅炒香洋葱丝，倒入河粉，以大火略炒，倒入剩下的原材料炒片刻，倒入胡椒粉、鱼露、糖、生抽、老抽、三巴酱以大火炒匀盛盘即可。